# 流域の環境保護

森・川・海と人びと

依光良三 編著

日本経済評論社

# イギリス都市の盛衰について

坂巻　清

ヨーロッパ諸国の中でも、中世から近代にかけてのイギリスほど、都市の盛衰浮沈がダイナミックに展開した国はないだろう。十四世紀後半つまり黒死病後に人口わずか四万人で、大陸の主要都市には遥かに及ばなかったロンドンは、十八世紀にはヨーロッパ最大の都市（一七五〇年に六七万人、一八〇〇年に九五万人）となる一方、同じ期間にイングランドの多くの中世都市が経済的活力を失い田園地帯の静かな田舎町となり、逆に一介の村落が有力工業都市へのし上がるなど、激しい変動をとげている。

イギリスでは、一四〇〇年までに何らかの自治的特権を認められた都市が五〇〇以上と、市場町が一五〇〇以上形成された。これらのイギリス都市の盛衰をめぐる議論は多いが、おおよその共通項として、十六世紀半ばまで地方自治都市の多くが衰退したこと、十六世紀末から若干の有力な自治都市が回復したこと、十七世紀末までに都市は比較的安定するに至ること、そしてロンドンと工業的市場町はこれらの期間を通して発展していったことなどが指摘できる。このような種々の都市の盛衰浮沈が、大陸諸国に比して激しいのは、イギリスの国家社会の構造的特質と市場経済の早期的な発展を背景とした、イギリス中世都市の特質に起因すると言えよう。つまりM・ウェーバーも指摘するように、イギリス中世都市は、大陸都市に比して経済団体的性格が強く、政治的・軍事的性格が弱かったのであり、都市相互、都市内部そして都市・農村間で、経済的競争関係が強く働いたことによっている。

それでは、イギリス都市の盛衰には、どのような意味があるのであろうか。

評論
No. 126　2001.8
日本経済評論社

結局それは、ロンドンを中心とした国内市場・国民経済の形成過程であった。中世イギリスには、比較的均質で格差の少ない都市が併存していた。どの中世都市にも類似のギルドが存在し、それぞれの都市が農村地帯や他の都市との間で、工業製品、原料・食糧取引などを中心にそれぞれ都市経済圏を形成し、併存していたのである。十四世紀後半のロンドンは相対的には大規模であったが、他の都市と決定的な差はなかった。人口四万人というロンドンは、一万二千人というヨークなどの第二の都市との差が決定的ではなかったのである。しかし、十六世紀半ばまでの地方中世都市の衰退とロンドンの発展は、この格差をひろげつつ、地方の都市経済圏を衰退させ、ロンドンの経済圏のもとに吸収してゆくこととなった。地方都市とその経済圏が衰退したが故に、全国的に統合された経済圏の形成が可能となったのであり、既に十六世紀半ばには、ロンドン商人の触手は、イングランドの隅々にまで及んでいたのである。

　市場町の台頭も、ロンドンとの結合をとげているものが多い。十六世紀半ばには、ロンドン商人と市場町・農村工業の結合に対して、衰退に瀕した地方自治都市が強い反発を示しているが、こうした緊張関係は、十六世紀末以後緩んだ。これには後に述べる「ロンドン＝アントワープ枢軸」の後退があるが、地方自治都市にとっての岐路の時代が過ぎ、回復に向かう都市は、新毛織物（ノリッジ、コウルチェスター、エクセター）、高級品生産（ソールズベリ、ウースター）、植民地貿易（ブリストル）などに、新機軸を開きつつ、国民経済の内実を強化したが、ロンドンと市場町に敗れた自治都市は田園の中に眠ることとなり、十七世紀末以後の一応の安定に達している。

　以上のような都市の盛衰の要因としては、農村工業と世界市場の動向が重要だったといえよう。農村工業は十四世紀後半から本格的発展を開始し、都市＝商工業、農村＝農業という分業関係を破壊することによって地方中世都市の経済圏を衰退させるとともに、ロンドン市場に結合していった。十五世紀以後イングランド西部の農村毛織物工業がロンドンを主要市場としていたし、東部や北部の市場町もロンドンに結合していった。初期の農村工業は、熟練と資本を欠いていたが故に、仕上業と流通に関してなお都市に依存せざるをえなかった。十六世紀半ば以降にはロンドンは、地方都市や市場町を介して、或いは直接に農村工業に結合し、イギリス毛織物輸出の圧倒的部分を掌握する一方、国内市場の中心にたったのである。イギリスの工業化は、ヨーロッパ最強の農村工業と、ヨーロッパ最大（十八世紀）の都市ロンドンとの結合において達成されたのである。

一方イギリス都市の盛衰は、ロンドンの世界市場との関係によって左右されていた。十五世紀以来ロンドンはアントワープとの結合により興隆した。十六世紀半ばにはアントワープが銀、胡椒、毛織物の世界的集散地となり、イギリス毛織物輸出の九〇％近くが「ロンドン＝アントワープ枢軸」を通じて行われ、イギリス地方港とそれに関連した内陸都市の衰退を決定的にした。十七世紀中にロンドンは、アントワープに代わったアムステルダムと商業的覇権を競ったが、その競争力はノリッジ、コウルチェスターなど回復した地方都市とその周辺農村の新毛織物工業にあり、仕上品・完成品の輸出によってオランダの都市毛織物工業の存立基盤を奪いつつ、十八世紀初頭にはロンドンがアムステルダムに代わって世界市場の中心にたった。これは、ロンドンにおける「シティ」の形成、つまり十七世紀末の国債制度を支えたロンドンの金融市場の形成、に基づく財政革命により、イギリスが軍事力強化と帝国形成を果たしていったこととも関係している。十八世紀には世界市場の中心地＝「世界都市（World City）」として、貿易、金融、国内商業、各種の手工業、専門職、地主貴族の館から貧民街まで抱え、「万華鏡」のようなロンドンに対して、地方では毛織物工業都市、金属工業都市、造船都市、リゾート都市など比較的専門化した都市・市場町の形成が進んだがそれは国民経済の成熟を意味している。

以上は当時の基軸産業＝繊維工業を中心とした観点によるが、結局中世末期から十八世紀までのイギリス都市の盛衰は、ロンドンを頂点とする都市間の階層分解であり、新都市の成長、都市の専門分化を伴いつつ、ロンドンが地方都市や市場町を介して、或いは直接に農村工業に結合し、全国的規模の都市と農村の結合の体系（つまりは国民経済）を形成する過程であった。そうした体系は十六世紀半ばには基本的な骨格を形成し、以後その内実を成熟させつつ十八世紀末に至り、産業革命を準備した。発展した中世都市は、ロンドンなど少数であっても、その体系のなかで決定的とも言うべき役割を果たしている。

［さかまき・きよし／東北大学経済学部］

# コッカ「社会史」と『倫理』論文のあいだ

樋口辰雄

## 挑戦と苛立ち

今回邦訳された『社会史とは何か――その方法と軌跡』(仲内・土井訳)の著者、ユルゲン・コッカは、ヴェーバー研究の第一人者として、特にわが国に知られているわけではない。本書に収められた「日本語版への序文」「緒言」「訳者あとがき」によれば、むしろ、ハンス＝ウルリッヒ・ヴェーラーと共に、戦後、統一前のドイツ歴史学界における「社会史」研究で、多角的な活動を展開した・あるいは・している戦闘的な研究者としてのイメージが定着している。コッカは、「序文」で回顧しているように、既存の歴史学を「改革」すべく、「歴史社会科学」(マルクスやヴェーバーを支柱にして)を重視しながら、ビーレフェルト大学を活動の根拠地に据えて、「社会史」の諸可能性や「社会史」を取り巻く諸領域の概念・パラダイムとの協力を模索し、それと同時に隣接領域との「対立」「緊張」などを避けることなく、「科学」としての社会史が成立・存続するためには、どのような針路を取るべきかを、この方法論的著作の中で模索しているように思われる。六〇年代から七〇年代に、既存の学問に挑戦者であり得たこの社会史も、有力な一学科として社会的認知を受けるようになると、逆に、ドイツ歴史学に不足していた文化人類学や社会人類学から、文化史的研究から、「日常生活史」「口述史」「経験史」などから、暗黙の挑戦を受けて、いわゆる「社会史」の自己変革が求められるようにまで至る。そのようなコッカの苦悩が正直に吐露され、整除されているのが、一九八五年頃に書き加えられた「第四章　ドイツにおける社会史の新展開」である。

## 『倫理』論文

さて、本書の第一章で、「決断主義の学問」としてコッカが告発しているマックス・ヴェーバー、についてである。まだヴェーバーなのか。そう、まだヴェーバーなのである。それもコッカがこの章で素通りするようにしか触れていない、例の『プロテスタンティズムの倫理と資本主義の精神』(『倫理』と略)について、である。その思想は、

「自由に乗り降りできる辻馬車」ではないからである。最近、この『倫理』、いや正確に言うと、この論文の終幕を飾る一節に焦点を当てて、「闘争」「逆説」「運命」のドラマとしての歴史へと問題展開を図ったものが、内田芳明氏によって公にされたからである(『ヴェーバー　歴史の意味をめぐる闘争』岩波書店)。氏は、ある箇所で、「マルクスとヴェーバー」ならぬ、「ニーチェとヴェーバー」問題に学的関心が偏奇することに反対して、マルクス、ゲーテ、カント、ジンメルなどに目配りした上で、この問題が探究されるべきだと指摘する。先覚者に相応しい助言である。しかし、「新」航路なき航海からは、学問の進歩やその克服は期待しがたい。問題を「限定」し、「他の条件を一定」にして初めて、当該領域の問題解明に乗り出すことが出来るのであって、これと同時に他の条件を動かしてしまったら、見えるものも見えなくなる恐れがある。敢えて対象を限定し、これに向けて認識衝動をコントロールしつつスポットをあてたからといって、そのこと自体が研究ルートの唯一性を要求するとか、あるいは研究上の「オープン・マインデッドネス＝開かれている精神」の阻害、を意味したりするものではない。むしろ、自分が抱える「偏見(バイヤス)」への無自覚と「予言者＝ヴェーバー」という、戦後期および今も流通している「行き方」(丸山眞男『自己内対話』)こそ、次代を担う者たちは警戒しなければならない。

　前世紀六〇年代、七〇年代に教育をうけた者らにとって、ヴェーバーへの道は同時に大塚久雄博士の「社会科学」理解への道でもあった。いわゆる「賎民資本主義」の綻びが見えつつも、経済成長のバラ色や「人間疎外」といった諸問題に耳を傾けながらも、その『著作集』や博士が共訳されたヴェーバーの『倫理』論文を、幾度も幾度も読み返し、この豊穣な二人の内的「世界」を理解したいと念じたのは、評者ばかりではあるまい。だが、日本社会の「変質」「変容」が囁かれた八〇年代になると、訳された『倫理』論文(一九五五・六二年)とその「ドイツ語原文」との間に、幾つか重要な箇所でズレが有ることに気づき、これを追っているうちに、意図せざる結果として、故安藤英治氏や山之内靖氏から提起された問題に自答せねばならなくなった。前者からは、『倫理』に関する改訂前・後の比較考察の必要性を、後者からは、いわゆる「ニーチェ・ヴェーバー」問題をそれぞれ喚起されたわけである。

## パラドキシーと「檻」

ところで、『倫理』が扱う世界は、これに「入門」するには、相当の時間と忍耐が求められるが、踏ん張ってこれに親しむ様になると、そこに展開するドラマの筋書きや登場する多彩な役者、思想家達に魅了されてしまう。それは、パリにある、放射状をなす凱旋門に出入りする思想家の「街路」に似ている。その主立ったものを挙げると、ここには、ルッター、カルヴァンを含む宗教改革者は当然として、B・フランクリン、ダンテ、ミルトン、マキャヴェリ、R・ヴァーグナー、キェルケゴール、ゲーテ、ニーチェ、ヴェブレン、ベルンシュタイン、シェイクスピアなど歴史を画した錚々たる役者達が、『倫理』という「凱旋門」の周囲に配役されているから、この作品に取り憑《っ》かれて、凱旋門を一周した後、好みの「通り」を選択してエンジンを吹かすことも自由なわけだ。

仮に、凱旋門をグルリと廻り、「ニーチェ・アヴェニュー」に進入路を取れば、二つの隠れたニーチェ的亡霊に遭遇しよう。それは、ヴェーバーが一九〇四、五年にかけて発表した二つの論文、即ち、『倫理』と『社会科学と社会政策にかかわる認識の「客観性」』のエピローグの類似性、についてである。一方の書では、ゲーテとニーチェ〔キー・ワード：歯車装置、化石化・石化、運命、鋼鉄の檻、哄笑、バラ〔ー以上の哄笑、バラは、『悲劇の誕生』「自己批判の試み」を参照〕、〔旧〕中国人、享楽、末人、ニヒツ〕が出てくる文脈であり、後書では、ゲーテ『ファウスト』第一部から引用された詩の前にある一節（「しかし、いつかは、色彩が変わる」以下）である。そこでは、ニーチェの時代診断、遠近法主義、ツァラトゥストラの影、そして『悦ばしき知識』第六三節の「星のモラル」（「お前の運命の軌道〔シュテルネンバーン〕をいけ、星よ、闇がお前に何のかかわりがある？」）などが、大詩人ゲーテと絡めて暗示されていると思われる。

こうした禁欲思想のパラドクシー、意図に反した行為の結末・運命（「儒教とピュウリタニズム」）を　後年ヴェーバーが書き加えた時にその念頭に去来したのは、ニーチェ『人間的、あまりに人間的　Ⅱ　第二部』（第二〇六節）であったであろう。

以上のような東アジアの辺境地帯から発信された情報に対し、方法論と社会史に係わるコッカは、一体どのように応答するであろうか。

〔ひぐち・たつお／明星大学人文学部教授〕

# 社会史と宗教研究

中野　毅

このたび上梓されたユルゲン・コッカ著『社会史とは何か』は、ドイツ歴史学界の第一人者による緻密で、重厚な方法論的省察であり、フランスのアナル学派などと比べて、ドイツ社会史がウェーバー以来の厳密な方法論検討を続け、特殊社会史——一般社会史の区分を設けながら総合的歴史科学をめざしてきた経過と意気込みが実感できる好著であった。本書は日本の歴史学のみならず、筆者が現在従事する宗教社会学や比較文化論における方法論的考察に、極めて有益かつ示唆深い一書である。

いささか旧聞に属するが、筆者が学生時代に西洋史学を堀米庸三先生などから学んでいた頃から、歴史学における方法の問題に関心を持っていた。そして当時から、日本の歴史学には方法論への問題意識が充分でなく、「歴史は史料をもって語らせる」などと平然と述べる研究者が（現在でも）いることに驚きを禁じ得ないでいた。

コッカも主張しているように、過去の完全なる再構成は、膨大な史料を詳細に検討したとしても不可能であり、その再構成と物語化の過程で、記述者の判断、価値選択、歴史観が混入されざるを得ない（四五、二五五頁など）。その問題への厳格で真摯な検討、自己省察抜きの論議が、未だに横行している。本書第一章の歴史認識における客観性と党派性の検討は、今日の日本においてこそ、再考されなければならない古くて新しいテーマである。

筆者の専門領域との関係では、本書第四章での文化史や日常生活史との論争には、特に深く共鳴するところがあった。両者が、その時代における人々の日常における経験や知覚、行為、困惑を再構成して、歴史を「内側から、そして下から」研究すべきであるとの立場から、人々の経験の主観意味を表象する文化的微表の解釈の必要性を主張する。コッカは、こうした研究が「社会史」を豊穣なものとし、包括的な学の体系とする上で有益であるとしつつも、ここの文化的事象の意味解釈を通して個々の個別的経験を再構成するだけでは不十分であり、個々の人間の経験を越えて、かつ背後からその経験に意味を与える「微表の体系」として文化、すなわち文化の構造を解明しなければならないと強調する（二三〇頁）。さらに、このような文化史的研究はコッカの言う社会史、社会全体の構造史や過程史に立った包括的な考察と関連させたときに、歴史の総合的叙述が初めて可能になると主張する（二五一－二頁）。

近年の日本における宗教研究においても、客観的叙述に対する「内在的理解」や「行為者や集団の内側から」の研究の重要性が叫ばれ、新宗教運動の研究に豊かな成果をあげてきた。しかしその反面、オウム真理教をめぐる事件や論争の過程で、研究対象との鋭い緊張関係を喪失した研究が、いかに危険で、かつ利用されやすいものであるかという欠陥も明らかとなった。

もちろん筆者も、宗教や文化の研究には、それらの担い手たちの経験的世界、行為者たちの主観的動機の意味理解が不可欠だと考えている。一般社会から偏見や予断のラベルを貼られがちな新宗教運動や、昨今、「カルト」と称される運動の研究には、なおさらである。日常生活史の立場が重視する「研究者と研究される現実との間の、ある種の親近感やある特殊なコミュニケーション関係」（二四八頁）は、確かに当該運動の担い手の主観的世界を彼らの文脈で的確に理解する上で、必要である。

しかし、彼らの世界の内に入り、彼らの言葉で、彼らの世界を語ったつもりでも、それはあくまでも第三者の語りであって、当事者の世界それ自体ではない。当事者との距離がどの程度あり、当事者の語りを第三者が解釈し再構成する際の方法的立場や理論的根拠は何であるかを、解釈者が自覚的に構成し、かつ一般に明示できない限り、第三者である研究者の恣意的な思いこみでしかないことにすら無自覚となる。その結果、対象の解釈に当の対象者からクレームがつけられると、無批判に受け入れざるを得なくなる。日常生活史的手法を待ち受ける陥穽が、ここにある。

宗教運動や文化事象の研究が現在直面している重大な課題に、コッカは、対象への親近性とともに、適切な距離の自覚と緊張の必要性を示し、そうした行為や経験を社会構造史の過程の中で位置づけることの重要性を改めて教えてくれたのである。

最後に、難解な原著を見事な日本語に訳出された訳者に、敬意を表したい。

〔なかの・つよし／創価大学文学部教授〕

# 小社30年の事蹟

この六月に30回目の定時株主総会を開きました。創業来30年を過ごしたことになります。

いろいろな事件を超えての30年でありますが、何といっても最大の事件は一九八三年一〇月の倉庫の火事でした。会社が出発してから十数年目のことですから、五〇〇点ほどの出版物はありました。その大部分が燃えたり、消防車の水でやられてしまいました。本は水っ気に弱いものですから、とても売りものにはなりません。途方に暮れながらも立ち上り、歩き続けて参りました。これが第二の出発みたいになりました。

その他の事件は、火事に較べれば、お笑いみたいなものです。出来た本を製本屋のトラックで納品に行き、ビルの地下に入ろうとしたら、幌がスプリンクラーを毀し、防火水が消化液とともに吹き出し大目玉をくらったこと、売れ残った本を棄てたら、直後に大量注文が入ったこと、無断引用が発覚して作り直したこと、奇妙な誤植や誤訳を出したこと、笑う話ではありませんが、それらの問題と誠実に対処して参りました。

そして30年目。われわれの前にあるのは刊行した本とその在庫だけです。

①ポスト・ケインジアン叢書
全29巻　定価計三三五、四〇〇円

②近代経済学古典選集
全14巻　定価計一七四、七〇〇円

③経済学・経済史・経済学史関係
一三四点　定価計五四二、九五〇円

④金融・会計関係
七四点　定価計二八五、六五〇円

⑤地域・産業・農業関係
一三〇点　定価計五〇六、五〇〇円

⑥社会・政治・歴史関係
九一点　定価計四四八、九〇〇円

⑦環境・都市鉄道簡易家
六七点　定価計二一一、〇〇〇円

⑧協同思想関係
四〇点　定価計一二四、七〇〇円

⑨一般書
六二点　定価計一四〇、七〇〇円

⑩シリーズ・著作集など
一一七点　定価計二七八、七〇〇円

⑪復刻資料
二七点九九三冊
定価計一八、〇三六、九〇〇円

そして残念にも絶版・品切となっている本は三一三点です。これがわれわれの全部。この30年の間に人も社も、少しは信用されるようになってきたとも思っています。引きつづきご指導ください。

（編集部）

# 『ビートルズの研究』(仮)刊行にあたって

村上直久

ビートルズが一世を風靡してから三十年以上たったが、一九六〇年代に青春を過ごした人の中でビートルズに熱狂したことと青春の思い出がどこか重なる人は多いだろう。筆者もその一人だ。

私は山口県の片田舎で中学、高校生活を送ったが、当時はビートルズの存在はよく知っていたものの、アメリカン／ブリティッシュ・ポップグループの一つ位にしか考えていなかった。ビートルズの新鮮でダイナミックなサウンドは素晴らしいとは思っていたが、初期ビートルズの曲がほとんど男女の恋愛感情の機微にしか触れていなかったことには物足りなさを覚えていた。ビートルズが来日し、東京の武道館で公演したときなど一部のヒステリックとさえみられるファンの騒ぎ方は行き過ぎではないかとさえ思った。

しかし、今から振り返れば、「ビートルズ現象」は確かに時代のある雰囲気を如実に反映してた。「戦後」が終わり、各国が高度成長や繁栄を謳歌する中で、東西冷戦体制の下、米国がベトナム戦争の泥沼にはまっていったという時代状況を背景に、それまでの既成概念・道徳に対する見直しの機運が高まり、体制への「異議申し立て」や新左翼学生運動が大きなうねりとなった時期だ。

私が本格的にビートルズに入れ上げるようになったのは、高度に豊かになったものの、ベトナムへの軍事介入の余波で揺れ動く、一九六〇年代のアメリカでの高校生活の時だった。滞在先の家庭(ペンシルベニア州)のホスト・ブラザーは既に大学生で、普段は隣のニューヨーク州の大学に行っていたが、休暇などで帰ってくると、居間のソファーに寝そべり、ベートーベンの『皇帝』かビートルズの『サージェント・ペパーズ・ロンリー・ハーツ・クラブ・バンド』のアルバムを繰り返し聞いていた。私は最初、アルバムのカバージャケットに軍楽隊風の衣装に身を包んだビートルズの四人が写っている写真に軽い「嫌悪感」を覚え、あまり身を入れて聞かなかったが、ある午後、いつものようにホスト・ブラザーが『サージェント・ペパー』をかけていて、聞くともなく聞いているとその歌詞が決して「ちゃらちゃらしたもの」ではなく、別れや老い、人生の挫折や哀感など日常生活の「ロンリーネス（淋しさ）」を体制への反抗的な感情や時代風刺、「ハイな気分」を折り混ぜて、美しくうたいあげたものだということが突然「雷に打たれる」ように分かった。下手な映画や小説は到底及ばない「マスターピース」であることが分かった。『サージェント・ペパー』が発売されたのが一九六七年の六月、私が遅ればせながらその良さに気づいたのは同年の十一月だった。今から考えると、私はその当時、刺激的で面白いものの、まだ十分に慣れていないアメリカでの高校生活に精神的に疲れ、ホームシックにかかり始めていたのかもしれない。それからは私もこのアルバムを擦り切れるほどまで聞いた、そして聞くたびに私に元気を与えてくれるものとなった。

その後、留学中のある週末、プレスビテリアン（長老派）教会主催の若者キャンプで夜食事が終わった後、ダンスパーティーが開かれたが、その時『サージェント・ペパー』のレコードがかけられたことがある。リズムに合わせて踊るような曲では到底ないが、スローである女友達と踊っているうちにおそろしく「感情が高揚」してそれ以上続けられなくなったことがある。『サージェント・ペパー』は本当に不思議で魅惑的なアルバムだ。

『マジカル・ミスリー・ツアー』が発売されたのは一九六七年十一月だったが、私にとって『サージェント・ペパー』ほどの衝撃力はなかった。もちろん、その後発売された『ホワイト・アルバム』『アビイ・ロード』『レット・イット・ビー』などは私にとって違った意味で魅力的な作品だ。

本書を訳出中、さまざまな困難に遭ったが、何とか乗り切れたのもビートルズの持つ「不思議な力」によるものかもしれない。

［むらかみ・なおひさ／長岡技術科学大学助教授］

# アメリカの金融システムの現在

原田善教

政府による規制と保護を中核とする戦後アメリカの金融システムは、戦後の経済条件と適合的に機能し、金融安定性に寄与してきた。しかし、戦後の経済発展はその経済条件を変質させ、安定性を保証するはずの制度的構造が不安定をもたらすことになった。その背景には、スーザン・ストレンジが「カジノ資本主義」と呼んだ、管理通貨制を起点とし変動相場制への移行によって促進された経済の金融化・投機化があった。一九七〇年代末の高インフレ、高金利を背景とするディスインターメディエーションの発生は、金利規制、業態規制といった競争制限的規制を次々と緩和させていくことになった。一九八〇年代以降、金融の安定性を回復させるために採られた措置は、一貫してフリーマーケット・イデオロギーに乗った規制緩和路線に他ならなかった。規制緩和の進展とオープン市場の拡大は、金融機関にリスクを冒せば巨額の利益が得られる可能性を与えた。こうした環境の下で金融機関は投機的行動に走り、結果的に金融システムはますます不安定になった。こうした中で、一九九九年十一月月にグラム・リーチ・ブライリー（G・L・B）法が成立した。金融持株会社の下で、銀行、証券、保険がそれぞれ子会社として各業務を行うことができるようになり、金融のデパート化のスタートである。ただし、なお銀行本体では証券業務は行えないし、証券会社は預金を受け入れることはできない。その意味で、すべての金融業務を単体で行う欧州型のユニバーサルバンクではない。しかし、これは、銀行と証券の分離を定めたグラス・スティーガル法（一九三三年銀行法）の廃棄であり、一九三〇年代体制ともいうべき戦後金融システムの消滅とみることができる。こうした対策は、巨大な金融コングロマリットの形成と投機的金融市場の拡大を予測させるだけで、金融システムの安定性をもたらすことになるのであろうか。

　こうして、すべてがフリーマーケットに委ねられることとなり、市場信仰が社会の隅々にまで広がった。この過程で生じた好況（「ニューエコノミー」

がこの浸透に一役かったことはいうまでもない。ところが、一九九〇年代末に起こったアジア金融危機やヘッジファンドの破綻によって市場の暴走が懸念され、市場原理主義に対する批判が高まるようになった。こうした危機の原因はフリーマーケット論者の規制なき市場追求戦略にあった。そして、世紀の転換とともにアメリカ経済に翳りが見え始めるにつれて、実はこの景気拡大が自由化された金融システムの下で引き起こされたバブル＝不安定な金融投機の上に成り立っていたことが判明するに至っている。バブルの崩壊がアメリカ経済や世界経済にどのような結末をもたらすかは予断を許さないが、何の規制もない自由な市場は暴走しがちで過剰投機を引き起こすことだけははっきりしている。この点を、投機は資本主義の本性だといってすむわけではない。市場はアプリオリに存在するわけではなく、公的規制がどのように行われるかによって「作られる」のである。したがって、現代の経済条件に適合的な新たな公的規制が、金融システムを再構築するためにますます必要とされている。

従来、日本にはあまり紹介されてこなかったが、アメリカの金融システムには、地域再投資法（CRA）などを通じて不十分ではあれ銀行行動を社会的に規制しようとする部分があることに注意する必要がある。G・L・B法においても、金融持株会社への転換にはこのCRA実績が良好であることが重要な認可条件となっていた。一例として日本においても、地方分権や地域の活性化を考える際に地域再投資法の導入を議論することも意義があろう。

今回の我々の取り組み（ディムスキ・エプシュタイン・ポーリン編『アメリカ金融システムの転換』の翻訳）は、フリーマーケット・アプローチに対抗する金融システム改革のオルタナティブを提起するためであった。金融システムを投機から引き離し生産的投資と結びつけ、より民主的で公正な金融システムを再構築しようとする彼らの提言（例えば、規制の平等化、説明責任や情報開示の徹底、さらに割引窓口貸出の活用や資産準備率の適用など）に大いに耳を傾け、それが日本の金融システム改革に役立てばと願っている。

［はらだ・よしのり／東北学院大学経済学部教授］

# 神保町の窓から

▼出版梓会のお仲間と共に、名古屋の書店を巡回訪問してきた。名古屋は四、五年前から書店競争が激化しており、この世界では屈指の激戦地帯である。小社の本はどんな扱いを受けているのだろうか。それが気掛かりだった。二日間で一二の書店をたずねた。訪問は小社の本が一冊も並べられていない店から始った。次の店にはあるだろうと思って小さく期待していた。ない。一瞬帰りたくなったがそれもできない。同行の出版社の営業担当者や社長は「いつも沢山売っていただいて有難うございます」なんて挨拶していたが、同じように言ったらイヤミになる。笑顔をつくるのが精いっぱいだった。この激戦地帯で売れ足の遅い小社の本など坐る場所もなさそうだ。気合を入れ直して二日間を乗り切った。しかし、連続して書店の棚をみるのは面白い。独自性を出そうとして品揃えしている店、レイアウトや採光の方に力を入れている（らしい）店、先代の残した伝統のような格を落とすまいとしている店等々の違いがよくわかる。概して書店のフロアーは広くなった。客はくたびれる。そこで各所に椅子を置くことになる。それは結構なサービスだ。しかしその分（？）棚の中が軽くみえる。「読書人」そのものが何十年か前とは、その性向において大いに変っている。だから、店の構造も品揃えも変化せざるを得ないのは判るのだが、スーパーみたいに蛍光灯を何十本もつけて、ハンバーグ屋のレジみたいな応対をされるとギョッとする。地域の人に読んでもらいたい本、子供たちに読んでもらいたい本を置くのは経済原則からみれば至難のことだ。やっぱり売れ筋の本を置きたくなるだろう。ご一行の後を従いて廻りながら考え込む羽目になってしまった。夜、宿屋で他社の人々と話す機会が持てた。とにかく、どなた様もどこどこ書店の人事、どこそこの棚、何々の事故……と詳しい。専門書は売れねえや、とボヤいていないでもっともっと書店の事情を知らなければならないし、書店の苦闘ぶりも理解しなければ、小社の本が陽の目を見るのは、ずっと先のことになるだろう。事は急がねばならない。▼親しくしている友人が、次々と定年になったり、繰り上げ定年（？）を選んだりして新しい職場をつくりあげている。またねそれを準備中の人もいる。もちろん好きなことを始めた隠居に近い人もいるけれど。かつて、二〇代や三〇代の時には、自分が歳を取るなんて他所《ヨソ》の世界のことだと思っていた。それが他人ごとではないことが友人たちの動きで身に迫ってきた。

余程のドジでも踏まない限り隠居などする気はないが、やめるのが当然と言わんばかりの目つきに出食わすと、無性に腹が立ち闘争心が湧いてくる。定年制がある意味、いつまでも居坐られては後がつかえるということと、よく働いてくれました、たっぷり退職金を出すからゆっくり後半生を楽しんでくださいということ。小零細出版にとっては、よく働いてくれても「たっぷりの退職金」は無理、無理。したがって後者の目はない。となると「後がつかえるから」と言ったって簡単にやめるわけにはいかない。やめたくないだろうがやめてもらわにゃならん、このせめぎ合いに折り合いをつけているのが定年規定か。昔、こんな会社なんかやめてやらぁ、なんて啖呵も聞こえたけれど、昨今はさっぱり聞かない。何をしても食える。飢死《ウエジニ》はしないと言う割にはカイシャにしがみつく心根は変らない。永くいる社員に「やっぱり会社《ウチ》を愛しているんだな」と言ったら彼、笑いながら「みんなが居るのは愛なんかじゃないぜ。行くところがねえだけだ」と言い返された。こちらは笑いもせず返事もしなかった。▼わが家に五歳になる少年《コドモ》が同居している。彼が年初あたりから「俺《オラ》あ」とか「俺《オラ》のもんだ」とか第一人称を強調するようになった。ついこの間までは「お母さん」や「お爺さん」とは言えても

己なるものを認識して言っているようには見えなかったが、このごろはちょっと違って聞こえてくる。他者の存在を知ったか。「俺《オラ》あ」に他者が込められているわけでもあるまいが、俺・私・自分・我という主張の萌芽と見ていいか。もちろん「俺」が確立されるにはさまざまな訓練と学習が要るだろう。ただその過程でつかみとる過去によって「判断する」ことを獲得するはずだ。そうなりゃオトナだな。同時に、今彼は老い行く爺《ジジ》や婆《ババ》のあり様を見ている筈だ。育ち行く者と消え行く者とがその存在をみつめ合い、日々を確認していくこと。これは家族を構成する最低の作業だ。▼本や出版界、出版文化に関して書かれた本が沢山出ている。佐野眞一「誰が『本』を殺すのか」がいちばん読まれたようだ。「図書館雑誌」六月号でも「図書館は出版文化をどう支えるか」という特集記事を組んでいるし（吟も一文を寄せている）、出版労連でも「誰が本を活かすのか」という連続講座を開催した。本が売れないから出版文化が危ないという理屈はちょっとヘンだし、出版文化を危機的状況にしたのは図書館や書店よりも、本を出版してきた出版社に、特に出版界をリードしてきた大型出版と大型取次に、いちばんの責があると思っている。われわれ零細もそれに追従してきたわけだし居心地は悪い。（吟）

## 新刊案内

価格は税別

新訂 **現代日本経済史年表** 矢部洋・古賀広明・飯島正義編著 三〇〇〇円
日本経済発展過程を史実と統計を元に解説。

**家と村の歴史的位相** 沼田　誠著 四五〇〇円
生活単位としての家の意味を実証的に検証。

**ヴェーバ的方法の未来** 鈴木章俊著 四二〇〇円
分析的思考法から諸学の統合化への試み。

**内なるものと外なるものを** 多文化時代の日本社会 賀来弓月著 一八〇〇円
国民国家のアイデンティティと多文化の共生。

**地域経済論** パラダイムの転換と中小企業・地場産業 長谷川秀男著 三〇〇〇円
産業・企業・まちづくり・生活から捉える。

**交通と観光の経済学** S・J・ページ著 木谷直俊 図師雅脩・松下正弘訳 三五〇〇円
相互の関連性に着目し、事例を挙げて解説。

**地域開発と地域経済** 現代経済政策シリーズ 池田　均著 三〇〇〇円
苫東開発や漁業政策が地域に与えた影響を検証。

**規制緩和と農業・食料市場** 三島徳三　著 二八〇〇円
具体的展開とその問題点を検討。

**世界の規制改革（下）** OECD編 山本哲三・山田弘監訳 五五〇〇円
規制改革は経済全般への効果を検証する。

**日本農政の50年** 食料政策の検証 北出俊昭著 二八〇〇円
農地改革からWTO体制へと至る政策の変遷。

新版 **ドイツの協同組合制度** 歴史・構造・経済力 G・アシュホフ・E・ヘニングセン著／関英昭・野田輝久訳 三〇〇〇円
サブタイトルの項に加え教育にも論及。

**歴史の中の差別** 「三国人」問題に寄せて 河原純之・三宅明正編 二〇〇〇円
「人種」、植民地の女性、性差別等を論じる。

**政府資金と地方債** 加藤三郎著 六二〇〇円
運用やしくみ、地方還元の実態を解明。

増刷しました

**なぜ経済学は自然を無限ととらえたか** 五刷 中村　修著 二八〇〇円

**経営管理論の歴史と思想** 三刷 丸山祐一・高木清・夏目啓二著 三八〇〇円

**エコマネー** 三刷 加藤敏春著 二三〇〇円

**普遍主義対共同体主義** 二刷 D・ラスマッセン著 二九〇〇円

**政治的なものの復興** 二刷 シャンタル・ムフ著 二八〇〇円

〔送料80円〕 評論　第126号 2001年8月1日発行　発行所 日本経済評論社
〒101-0051 東京都千代田区神田神保町3－2　電話 03（3230）1661
E-mail: nikkeihyo@ma4.justnet.ne.jp　FAX 03（3265）2993
http: //www.nikkeihyo.co.jp

# はしがき

二一世紀は、「水の世紀」といわれるほどに、地球規模で干ばつ・水不足、大洪水災害が発生しやすい状況が広がっている。無秩序な人間活動による水循環系の破壊に異常気象が加わった結果である。

途上国では、多国籍企業による伐採開発に加えて人口爆発と貧困のため農民と家畜が山の奥深くにまで入り込み、水源の森は破壊され続けてきた。日本でも、工業化と同時に、過密・過疎が進み、今日のグローバル化のもとで林業が崩壊過程をたどり、山の守り手を失った水源の森は、「緑の砂漠」といわれるような荒廃が進行している。また、「高度経済成長期」以降、水質汚濁の問題やダム建設（例えば大井川では二〇ものダム建設）によって生態系が寸断され、人の憩いの場としての河川環境や景観の悪化なども進行した。

森―川―海からなる循環系、あるいは緑と土と水からなる流域の自然資源は、人が利用するにあたって適切な保護と管理があってこそはじめて良好な環境がえられる。水源地帯の山々が荒廃していれば当然のことながら災害や渇水問題が発生する。工場廃水など汚水を垂れ流せば、清流は失われ、下流の漁民や住民に深刻な被害を与える。

「流域の環境保護」はどうあれば良いのだろうか。人が破壊してきた循環系は「人の手」によって修復し再生していかなければならない。われわれは、国や地方自治体の環境行政の前進も重要だと思う。とくに、山地荒廃がはげしい長江・黄河のような巨大流域にあってはそうである。一歩先を進んでいる日本でも住民のための環境行政を前進させる市民・住民、農民、漁民の運動や参加、連携が再生に向けての鍵を握ると考える。そういう視点から流域人口が少なく農山村地帯の四万十川、都市化が進んだ矢作川、興津川そして巨大流域である中国の長江等の調査研究を行った。これらの事例から、流域環境保護のあり方や今後の課題と展望につなげたい。

なお、本書は住友財団環境研究助成を受け、六名の研究者によって分担して執筆したもので、それぞれの担当は巻末に印している。現地調査では快く資料等の提供をいただいた町村や団体、農林家の方々には厚く御礼申し上げるとともに、出版の機会を与えていただいた日本経済評論社ならびに編集担当の清達二さんにも深く感謝する次第です。

二〇〇一年七月

依光良三

目　次

# 第一章　流域の環境保護と再生への取り組み

豊かな森は豊かな水を育む

# 第一節　水の循環系の破壊と流域

## 1　森と川の破壊と生命、生活問題

### 「水の世紀」と流域

二一世紀は、いっそうの人口増加が進む中で世界的に水不足の世紀といわれ、国境を越えた水の売買すら行われる時代である。その一方では、$CO_2$増加に伴う地球温暖化、海水温の上昇などと関連しつつ異常気象が日常化し、図に示されるように渇水・干ばつと同時に大洪水災害が世界のあちこちでおきているし、これからも頻発するであろう。日本も例外ではなく、近年では、九八年の那須豪雨、高知豪雨、二〇〇〇年の東海豪雨に見舞われたように、今後もしばしば局地的でゲリラ的な集中豪雨に襲われよう。二〇〇一年三月に気象庁は地域単位に設定している一時間雨量のほぼ最大値前後である「記録的短時間大雨情報」の基準を、過半の地域で一〇～三〇ミリ引き上げ、おおむね一〇〇ミリを超えるのが普通となった。それだけ、「記録的大雨」が降りやすくなったことの反映であろう。「水の世紀」においては、人類が生きていくのに欠かせない水資源の不足（渇水）への対処ばかりでなく、洪水災害にも備えなければならない世紀なのである。

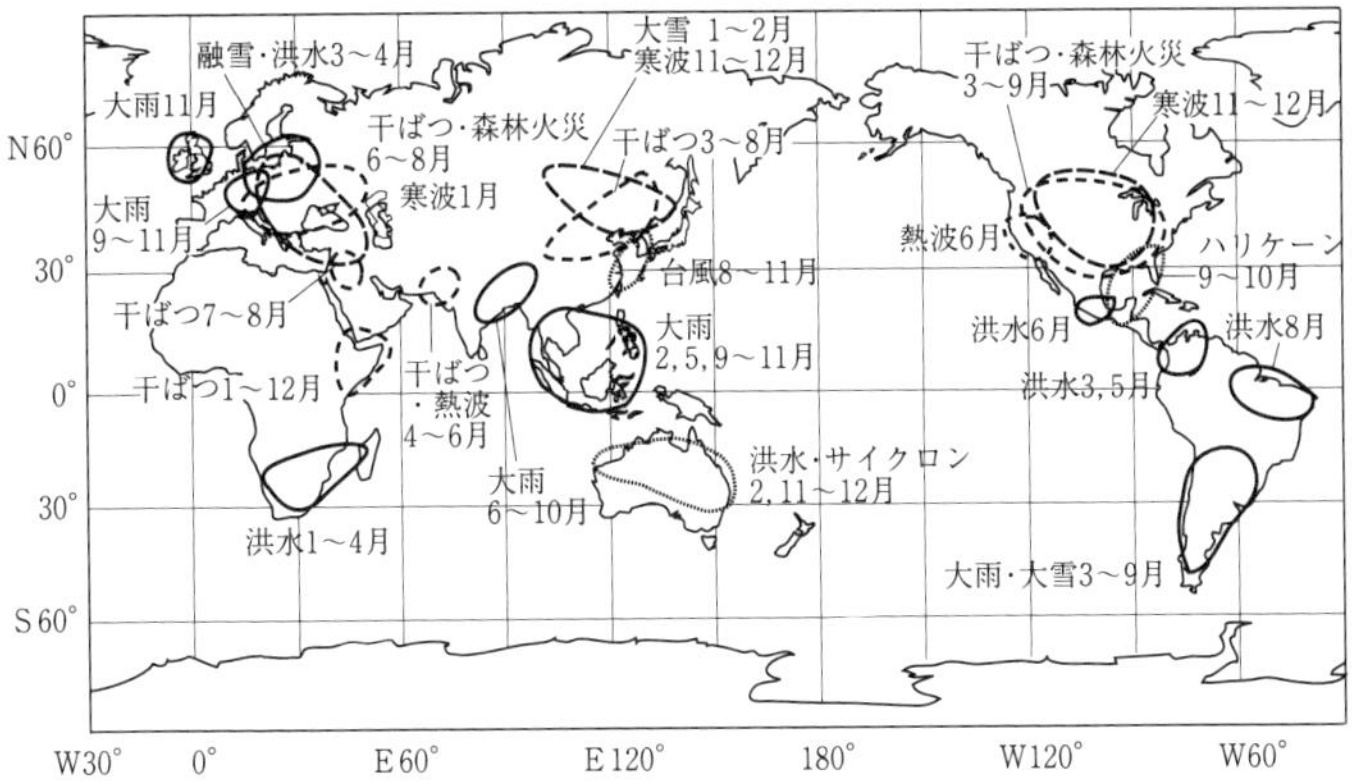


図 1-1　2000 年の世界の主な気象災害

渇水や干ばつ、洪水災害という生命、生活に関わる深刻な問題は、人知を超える自然現象によってもたらされると同時に、人間活動が深く関わってそれを助長してきた。とりわけ、二〇世紀における地球規模での人口爆発と経済発展は、いずれも問題を深刻にさせる方向に作用してきた。前者では貧困にあえぐ人々が燃料を山の木に求めたり、無秩序な焼き畑農耕などによって生活を営むために、また後者においては巨大化する企業が都市建設のための資材や時には浪費をあおるほどの商品生産のために、森という貴重な「緑のダム」を地球レベルで破壊し続けてきたのである。そこには生物多様性の維持とか、多面的で貴重な環境資源の保全という視点の認識はなく、経済優先の論理のもとに単にモノとしての資源を収奪するために乱伐が繰り返されてきた。その結果、地球規模で森が失われ、はげ山や砂漠と化したところほど、深刻な水問題に見舞われていることはすでに周知のことであろう。

二〇世紀後半においては、科学技術の発展によって経済的な繁栄を謳歌している国と人々がいる反面、豊かさの分配にまったく与れない貧困層が大量に生みだされ、また地球レベルでの環境問題を深刻なものとする負の遺産も大きなものとなった。そして、二〇世紀は、人類史上かつてないほど深刻な水問題に見舞われやすい地域を大幅に増やしてきた世紀であり、同時に、人口爆発の中で災害を受けやすい地域にまで広く人類が住み着くようになった世紀でもある。

## 文明の貧困―水循環系の破壊

一九八〇年代後半のＮＨＫテレビの森林破壊問題の特集番組のナレーションの中に「文明の前に森林があり、文明の後に砂漠が残る」という印象的なフレーズがあった。古代文明が繁栄から衰退に向かう要因は、［森―川―耕地―海そして森］という水の循環系が森林乱伐によって破壊されたことにある。川は荒れ、耕地の生産力も失われることによって人の住めない世界に変貌してしまったからである。現代においても、途上国では貧困なまま、循環系の破壊によってそのような事態が進行しているところも少なくない。

文明の貧困とは、科学技術の進歩による経済的繁栄にもかかわらず、自然に対しては単にモノや資源として収奪したり、人間の使い勝手のよい他の用途に転換することに重点を置き、環境への配慮をないがしろにしてきたことをいう。利用して廃棄するだけの一方通行の経済ではやがて、破滅に至るということに気がついたのは、ようやく一九六〇年代後半から七〇年代初頭になってからである。八〇年代における世界的な課題の共通認識の時代、九〇年代の合意形成の時代を経て、今日、循環型社会の形成に向けて工業製品等のリサイクルという面では、部分的にではあるが行動の時代に至った。とはいえ、もたつく温暖化対策への取り組みに顕著に見られるように、とくに地球レベルでの自然循環系の再生への道はなおほど遠いものがある。本書のテーマである森―川―海といった地域的な自然循環系の保全の視点も未だ一般的には欠落したままである。そんな中で、第二章の矢作川の事例は、保全に向けてかなり優れたシステムが形成されてきた先発事例として取り上げている。

文明の貧困は、川の水質汚濁の形で環境問題にもつながっている。熱帯林開発などに見られる森の破壊にともなう濁水も一種の垂れ流しといえよう。もっと直接的な工場廃水や生活排水などの垂れ流しによって人口集中の著しい途上国の川は汚水にまみれ、それが海の汚染にもつながっているのである。日本では、かつて悲惨な水俣病やイタイイタイ病患者を出した企業の有毒物質の垂れ流しは法律で規制されるようになった。今日、水質汚濁とその被害は減少傾向にあるものの、依然として汚染のひどい河川やそれに伴う被害も少なくない。

被害を受けるのは熱帯林国では先住民であり、河川および下流の海の漁業者である。日本でも同様に下流の住民であったり、漁民であったりする。水の循環系において廃棄するだけの一方通行のシステムから循環型システムに転換することの必要性は、人が最低限の生活環境を受けるシビルミニマムの権利を持つことにある。さらに、アメニティ（快適な生活環境）を享受する方向に進むことが「文明の富」を共有することにつながるからである。日本を含む先進国では、シビルミニマム的側面を残しながらもおおむねアメニティを実現する段階に進展しているといってよい。しかし、途上国では一般的にシビルミニマムさえ達成できない国や地域が多い。

## ダム再考の時

現代文明の産物であるダムについてであるが、これはエネルギー供給と防災機能をもつだけに単純に否定することはできない。けれども、川を寸断するダムは循環系の最大の破壊要因でもあり、環境保護面ではいくつもの問題点を持っている。

第一に、ダムは川をせき止めることによって生物の循環系を断ち切り、生態系を著しく細くし川の生産力を低下させる。アユやゴリ、川エビなど多くの川魚たちは河口ちかくの川で産卵し、生まれるとすぐ海に下って稚魚期を冬の海で過ごし、春先に川にそ上して上流を目指す。だが、中流に造られたダムは川の流れを寸断するばかりでなく、水の流れない減水区をうみ、川魚たちの生活圏を著しく狭める。

第二に、ダムにヘドロが堆積し大雨で攪拌された場合に長期濁水が発生する。普通のダムでもしばしば発生し、すぐには濁りがとれないために下流の石にヘドロがこびりつき、コケを食べる川魚（アユ、ボウズハゼなど）の生育に支障を来す。また、黒部川の巨大ダムではダム機能を維持するために、ダムに溜まった土砂を下流に「排砂」するが、この影響は下流の川を砂で埋め、海にヘドロを堆積せしめる。計り知れない川と海の環境破壊と深刻な漁業被害をもたらしている。ヘドロは上流からの腐葉土や落葉木片などの有機物がダム湖に堆積し腐敗してできたものであり、ヘドロの溜まった海では海草などを死滅させ、魚のいない海と化するのである。本来の森―川―海の循環系の維持は豊かな生態系の恵みを人々にもたらすのに対して、循環系の徹底した破壊は川の荒廃と死の海をもたらした。

第三に、流域住民にとって身近な自然環境である川の本来の美しさが失われ、そしてとくに山村住民にとってはしばしば「ダムは百害あって一利なし」といわれるように、村の優等地を水没させ、過疎に拍車をかける要因となってきた。なお、洪水調節機能については、放水時期などの適切な運用を誤れば逆に洪水災害を拡大することがあり、この面からもダムは決して万能ではない。大型ダムでは数千億円という巨額の事業費が落ちるだけに、土建関連業界はダム推進に回るが、すでに指摘[1]されているように利権がらみの無駄な公共投資といわれるものも少なくない。

ところで、八〇年代の認識の時代を経て、九〇年代には地球サミット（九二年）を契機に「環境の時代」に世論は傾斜し、多様な価値観の変化とともに人と川のつきあい方、共生のあり方が議論されるようになった。欧米では過去の河川環境の破壊一辺倒の反省の上に立ってダムに対する考え方は大きく変わり、とくに環境保護上重要な河川のダムは撤去する政策がとられる方向にある。たとえば、アメリカでは九〇年代半ばからダムの建設を止めたばかりでなく、人間環境と川の自然の再生のために五〇〇ちかくものダムの撤去を実行している。ヨーロッパでも同様で、このように欧米においてはパラダイムシフトといってよいほど考え方が大きく変化し、ダム撤去が今日の潮流となっているのである。

日本の河川行政においても九〇年代には一定の変化が見られ出す。それまでは治水・利水のみの視点に立ち、ダムやコンクリート護岸、テトラポットの制水工など、川の自然を著しく破壊し、人を川から遠ざける工法が採用されてきたが、九〇年代前半頃からは川の生態系や人々が身近に接することができるように配慮した「近自然工法」などを採り入れたり、計画段階のダムの見直しを行うなど行政対応も一定の変化をたどってきている。

このように九〇年以前段階と以降とでは、河川環境とダムをめぐっての考え方、価値観はかなり大きく変わってきた。とはいえ、日本では国のダム見直しは、建設反対運動への一定の対応と財政危機のもとで公共事業削減の過程で進められており、欧米のように環境保護視点からダム撤去の議論には至っていない。こうした中で田中康夫長野県知事の「脱ダム宣言」、長良川河口堰など環境NGOによる堰の閉めきり反対運動、吉野川河口堰建設反対住民投票などにみられるように新たな動きもでてきた。また、近年NGOや河川研究者によってもダム撤去の提起もなされるようになってきた。

そんな中で、四万十《しまんと》川流域では中流に二つのダムがあるため被害を受けている漁民と住民が一つとなって「元の美しい豊かな川」をとり戻すことを願い、日本初のダム撤去運動を八〇年代末とつい最近の二度にわたって展開した。二〇世紀における経済資源確保のために破壊され続けてきた川の自然であるが、今や環境面で保護すべき「特別な河川」については、国の政策としてダム撤去を含めて検討し実施すべき段階に至っているといってよい。「日本最後の清流」といわれる四万十川は、下流部は国レベルにおいて傑出した（残された）河川であることは疑いの余地がなく、中上流部も含めて豊かで美しい川を取り戻す最初の川として、合意形成がなされるべきである。

## 2　流域の環境保護と森林

### 川は人間活動を映す鏡

川を歩くと、清流や自然の森など原風景ともいえる落ち着いたたたずまい、風情ある風景に行き会えたり、濁水か汚水にまみれ、不自然きわまりない光景に出会ったりする。もちろん、この両極の間にそれぞれの段階があり、それは人の営みの善し悪しを映す鏡であるといってよい。川の下流域の場合は、都市化の内実や廃水の垂れ流しの程度、すなわち川を憩いや生活の潤いの場として位置づけているか、単なる上下水路として位置づけているかによって異なる。中上流域では森林の保全状況の善し悪しにより大きく左右される。

森が荒れているとその下流の川も荒れた様相を呈す。かつて、筆者は高度成長期の奥地林開発の現場に何度か調査に出かけたが、大面積皆伐と当時の雑な林道建設によって川や谷は大雨の際に流出した大量の土石で埋まっていた。ひどいところでは、美しい谷川が、伏流水化することによって水の流れない〝河原砂漠〟と化したところも見られ、下流の天井川化とあわせて渇水や洪水問題の原因となっていた。とくに印象に残っているのは、一九七〇年代初頭に訪れた和歌山県の本宮町の大塔《おおとう》山開発現場で、伐採開発と林道建設に伴う土砂を谷川に捨てたことによって大塔川、とくに上流の谷川は荒れに荒れ、新宮川と出会う下流の本宮町では土砂堆積に起因する洪水災害問題が起きていた。

今回の調査地の中では、矢作《やはぎ》川上流、根羽《ねば》村の崩壊現場は土石流や沢抜けを起こし、かなりひどい様相であった。また、山が荒れている中国でも長江流域の目にしたほとんどの川は濁水が流れ、わずかに湖南省の奥地の原生林が残る自然保護区の川が日本の上流域の川のようにきれいであったのが印象的であった。しかし、日本の川の上流において、自然の森と川が織りなす目を見張るほどにきれいなところを数多く見ているだけに、それは物珍しい光景ではなかった。とくに、源流域が原生林であったり、それに近い保護区の場合、例えば北海道の道東の国立公園地区の川、東北の奥入瀬《おいらせ》渓谷、中部山岳地帯の上流の川、渓谷、そして四国、九州なども含めて森林が保全され、山が安定しているところでは感動的な美しい風景を目にすることができる。その逆は、先に述べたように荒れたひどい風景となる。そういうふうに、川を見れば行政や人が森をどう扱ってきたのかを知ることができる。川は森の状況を映し出す鏡なのである。

一方、海は、流域内に都市や工場がある場合には、そこからの大量の廃水があるために、必ずしも山の状態を反映しないが、川の途中に都市や工場がなかったり、廃水処理が完璧な場合には、山の状態を反映する。すなわち、森が荒廃している場合には、海の海苔や自然に繁茂している海草などに濁流からのドロが付着し、魚介類を含めて生息環境が失われる。一方、森が豊かな場合には、きれいな水ばかりでなくミネラル等の栄養分が補給され、恵みの多い豊かな海をもたらす。「森は海の恋人」(2)といわれるゆえんである。海岸から大量の土砂が流れ込んだためコンブの不作に悩む襟裳《えりも》岬の人たちがねばり強く森を蘇らせ豊かな海を取り戻した活動や、カキや海苔の養殖漁民が上流の森づくりに参加して、植林活動を行うケースも各地で散見されるようになった。日本ばかりでなく、フィリピンの南ミンダナオでは、そのような視点に立ってコスタルゾーンから流域の森づくりを含めた総合的な流域の環境保護に取り組み始めているのである。

## 流域の視点

経済という枠組みからみれば、今日のように、交通網や情報網が縦横に発達して、物流や人の行き来が自由自在に行える時代に、「流域」は意味をなさなくなってきたことは事実である。だが、そこに住む人々にとって生活環境の快適性(アメニティ)、そしてとくに渇水問題や洪水災害をはじめとする命に関わる環境の保護という視点からは、依然として流域を単位とすることは意味をもっている。渇水や洪水問題に限らず、森—川—海という景観やいろんな公益的機能をもった自然資源の循環系が、流域環境の基本的要素をなしているからであり、その維持、改善あるいは管理に向けては流域単位での参加型社会システムの形成が有力な手段となりうるものだからである。

さらに、一口に流域といっても、大都市圏か地方圏かといった立地条件によって人と森―川―海との関わり方は大きく異なる。また、同じような立地にあっても関わりの有り様やその深さなどによって、その性格には違いがみられる。開発利用に対して環境保護に向けての過去の取り組みがどうであったのか、あるいは矛盾が生じたときに自治体の対応が適切であったかどうか、住民運動が展開してきたかどうかによって自ずと社会システムの形成のプロセスや現状の中身は異なってくる。とくに、市民や住民によるＮＧＯ活動の有無は違いの大きな要素である。(3)

その結果として、流域環境保護のための市民・住民参加型の社会システムが全く形成されていないか、あっても形ばかりのところも少なくない。しかし一方では、矢作川流域のように多様で先進的な参加型システムが形成されているところもあり、それは歴史の中で市民・住民の問題意識の発揚と改善に向けての熱心な行動、運動によって育まれてきた結果である。このように、流域ごとに参加型システムのあるなしや、行政とのパートナーシップを含んでその成熟段階は異なっている。

必ずしも流域だけで問題の解決ができるとは限らないが、われわれが流域を前提に環境保護を考えてみようとするのは、基本的には水問題と自然資源の循環系の保全はまさに流域の問題であり、それに流域の住民（都市民を含む）が必ず関わっており、近年、流域管理や人びとの参加のあり方が問われているからである。また、共有的な環境資源、地域資源ないしは共有的資産の共同管理といったコモンズ的な環境保護を考える際に、流域が具体的で空間的広がりのある場としてイメージしやすいということにある。

森と川からなる流域の自然の豊かさの程度は、人の生活空間や環境の善し悪しを決定する重要な要因となる。住民や市民が参加する社会システムという「根っこ」(4)の大事さも、良好な環境を享受するには欠かせない重要なことであり、われわれが、このことをあらかじめ強調しておきたいのは、地域資源や共有的環境資源は広範な人びとが守り育てるものだという基本姿勢に立っているからである。

## 第二節　流域の自然資源と社会システム

### 1　流域の自然資源の特徴

#### 共有的環境資源と地域資源

流域の自然資源とは、先にも述べたように森—川—海である。それを人間活動が生産・経済面で直接、間接に利用し、また、環境・非経済面での役割もきわめて大きい。図に示すように、流域の自然資源の中で、川と海は共有的環境資源といえるが、森と里地（山際から用水路、耕地などからなる地帯）は、所有者がいて生業が行われているところであり、経済的資源であるが、独

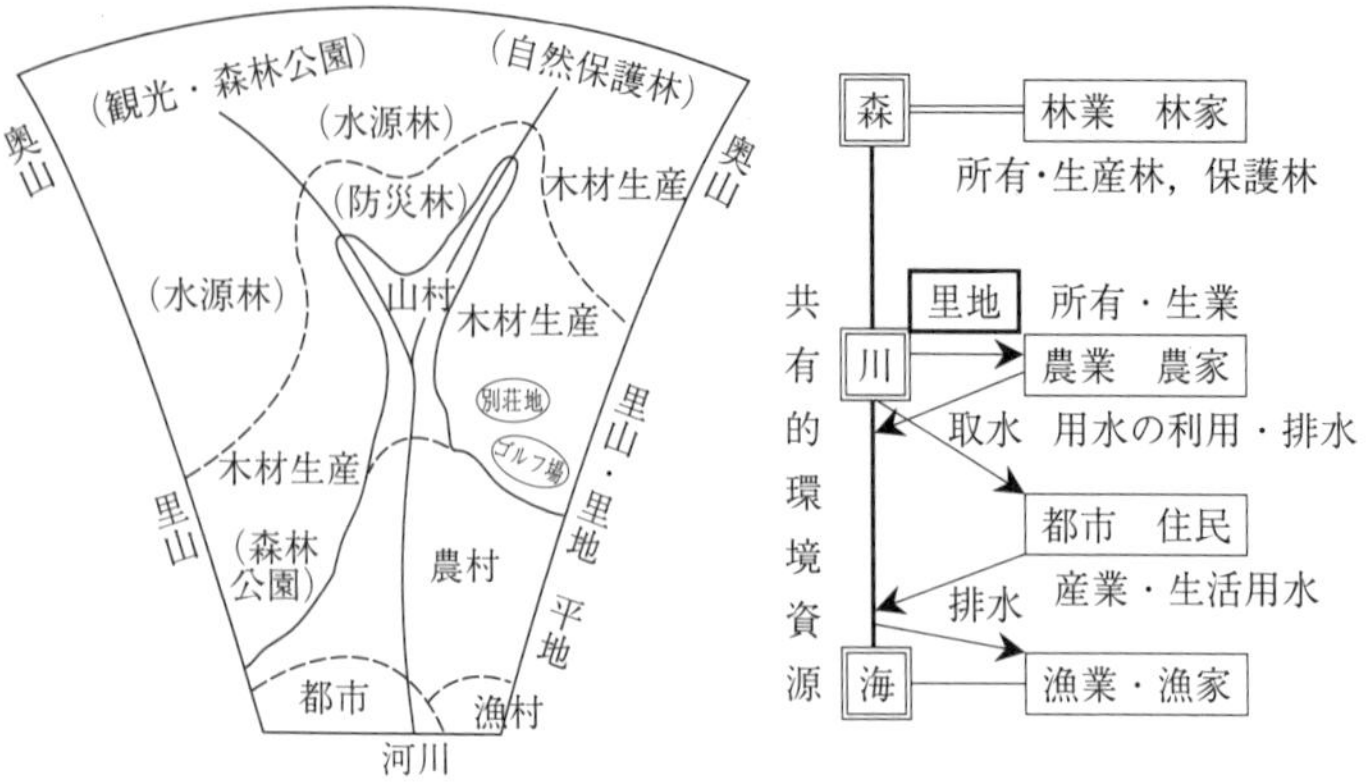


図 1-2　流域の自然資源（森・川・海）と人との関わり

特の生態系やふるさと的景観を呈するなどその機能からいって環境的資源の役割も持っている。森林の一部は、自然保護林や防災林、生活環境保全林等の形でゾーニングによって保護される環境資源として位置づけられているが、一般的な人工林の場合はそうではない。すなわち、所有、管理、施業によっては経済と公益・環境が調和的に成り立たない場合も少なくない。森林の場合、経済的行為が優先する場合があるだけに、単純に共有的環境資源といえない性格をもっている。これは図の里地や耕地などにおいても同様のことがいえる。

　この概念を整理するにあたって、「地域資源」に関する、永田の定義(5)に沿って見ておこう。地域資源の第一の特徴は、人間が空間的に移動させることが困難な非移転性にある。生態系をもった森林、川、里地などがそれにあたる。第二は地域的に存在する資源相互間に有機的な連鎖性がみられるということ、すなわち、森林—川—里地などは有機的な結びつきがあるということである。とりわけ、流域という枠組みでは、広大に分布している森林が破壊されると、川の汚濁、農耕地の生産力の低下、平野部での洪水災害や渇水問題の多発を招き、さらには海の汚濁や海岸生産力の低下といった影響が出てくる。「地域資源がもつ有機的な連鎖性が破壊されたとき、人間は自然から手厳しい復讐をうけることになる」し、連鎖性の破壊は、流域の環境問題の基本的要因をなすものである。

第三は、非市場性であり、特定の地域資源が市場メカニズム、すなわち資本の論理のもとに開発された場合には、有機的な連鎖性が破壊され、環境問題が多発する。そういう意味では、森林は、連鎖系の源としてもっとも重要な地域資源ということができよう。また、このような共有的環境資源とその管理に関して近年、コモンズ論が展開されている。(6)

川ないしは水も現代ではしばしば流域を越えた分水が行われているが、永田は水に関しては非移転性をもった地域資源と考えるべきで、水系を転送する流域変更は、地域資源がもつ有機的な連鎖性を切断し、その地域の生態系のバランスを破壊する危険性があると指摘している。(7) 流域を越えた分水は、巨大都市が形成発展していく過程で必然的であったが、地方圏においてもしばしば分水に関わる問題が起きている。われわれの分析対象としている四万十川流域でも本流をせき止め、発電のために別の水系に流す「家地川《いえじ》ダム」は生態系破壊や住民生活に関わる問題を提起している。

流域の自然資源ないしは地域資源の最大のものである森林は、多様で多面的な機能（たとえば、水源、防災、景観、癒し、炭素固定、等々）をもつことはすでに周知の通りであろう。現代の課題は、生物多様性、生態系の維持、土壌の保全などを前提に「持続可能な森林経営・管理」を進めることにある。この概念の中には環境保護を前提とした利用が位置づけられており、その上で生産を含む地域資源としての広範な利用や環境保護のための管理のあり方が問われている。これは、川や水についても同様である。

## 2　社会システムと流域の環境保護——対立から参加へ——

### 現代資本主義下の新たな対立の構図

森林の保全がきちんと行われていれば、川は安定し、人間活動による多量の産業廃水、雑廃水がないかぎり、水もきれいな状態が保たれる。だが、歴史的に見ても、今日においても森林の保全や川の水質汚濁の問題はしばしば発生している。その原因は、基本的には現代資本主義下での行政による開発政策や効率重視の企業行動にある。

一九五〇年代半ばから七〇年代半ばにかけての高度経済成長期は、日本はもちろん世界的に大規模な原生林伐採の時代で、流域においても乱開発に起因する洪水災害や土砂流出、水汚濁、あるいは生態系や連鎖系の破壊などの問題が各地で頻発した。その乱開発を推し進めたのは、旺盛な需要を満たすための総資本の要請であり、政府の開発計画であった。日本は、東南アジアの熱帯林開発にもナショナル・プロジェクトを組んだり、あるいはＯＤＡ資金によって道路建設を進めながら多国籍化した企業の手によって、貴重な森林の開発を進める最大の国であった。この段階においては、開発を推し進める総資本対住民・市民（あるいは途上国の先住民）との対抗関係のもとに、前者が優越し環境への配慮が欠落していたが故に、住民、市民、先住民が犠牲になった。そんな中で、やがて被害者である後者が立ち上がり、市民運動、住民運動、先住民運動が生活と環境を守るための闘いとしていろんな形で展開した。(8) 森林に限らず、河川開発・ダム建設や工場廃水の垂れ流しによって、河川生態系の破壊、水質悪化や生活環境の悪化がもたらされ、やはり住民・市民運動に展開していった。そうした運動やNGO活動が展開した地域ほど、環境保護面での前進につながってきたのである。

そして、一九八〇年代の森林環境のもつ役割の重要性の「認識の時代」を経て、ようやく、九〇年代に至って環境保護に向けての「合意形成の時代」の到来とともに、世界的に採取収奪型の森林開発から、「持続可能な森林経営」が模索されるようになり、二一世紀の今日を迎えた。日本の九〇年代は、政治経済全般にわたって「失われた一〇年」といわれるが、森林環境にあってもこの一〇年間においては同様の問題が深刻になった。環境改善に向けての世界的な理念的合意形成がすすむなど一定の前進が見られるものの、一方では、途上国においては一部の国を除いて、依然として森林減少（年間平均一五〇〇万ヘクタールの減少）が続いており、日本においても見せかけの森林蓄積の増大とは裏腹に、植林地の守り手・担い手が失われ、手入れ不足や管理放棄による荒廃地が依然として多く存在するのである。

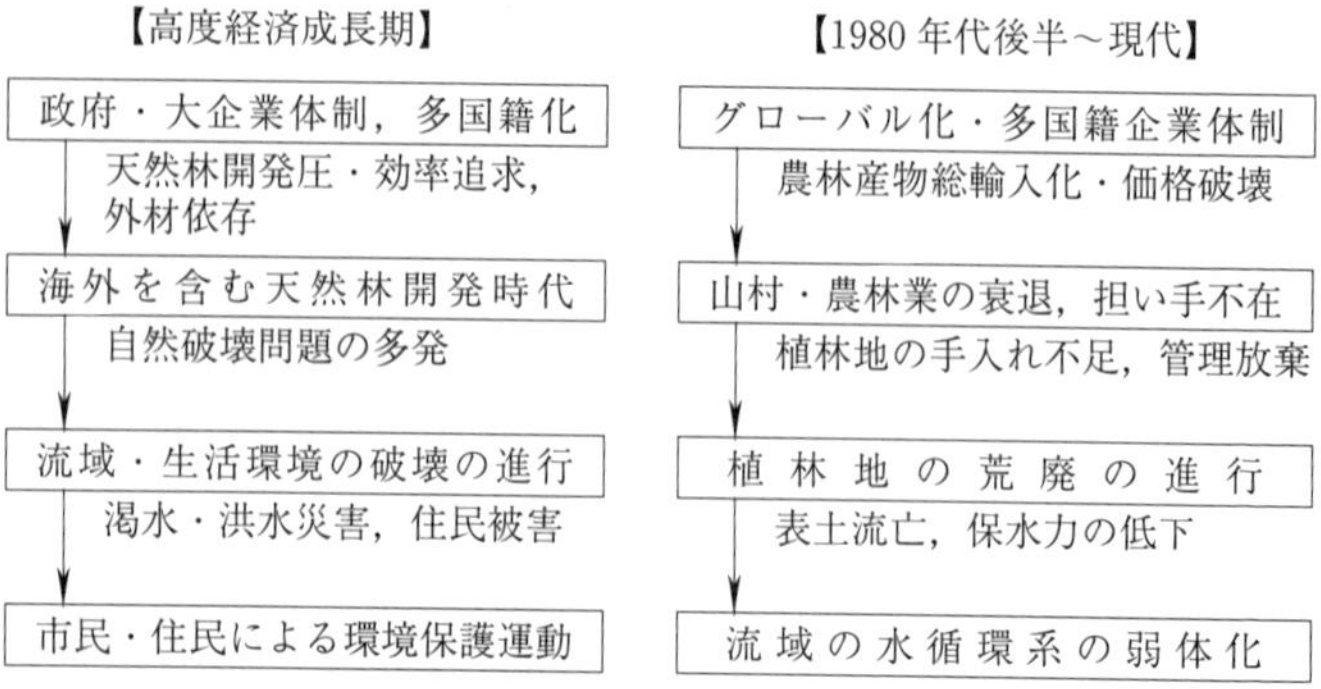


図1-3　高度成長期と現代の森林をめぐる問題発生の因果関係（対抗関係）

図1-3は、左側が高度成長期の政府・大資本体制のもとで進められた大規模な奥地天然林開発から市民・住民による自然保護運動の流れを示したものであり、右側は八〇年代後半から現代の状況を示したものである。後者の場合、八五年のプラザ合意（円高協調政策）を契機として、まず日本の山村の基幹作物の一つであった干しシイタケが中国産の大量輸入によって打撃を受け、九五年のＷＴＯ体制への移行、そして九七、八年東アジア経済危機以降の各国の産業発展戦略の転換による日本向け野菜栽培の本格化等、一連の流れは、木材も含めて「農林産物総輸入化」時代といわれる状況をつくりだし、農林業・農山村を産業経済面でいっそうの苦境に陥れてきている。それによって、流域の自然資源、とりわけ森林の守り手の不在、手入れ不足林や管理放棄林の増加が進行し、棚田の放棄なども加わり水循環系に負の影響を与えてきたことは周知のとおりであろう。

高度成長期の矛盾の元凶は開発を推し進めた者、すなわ

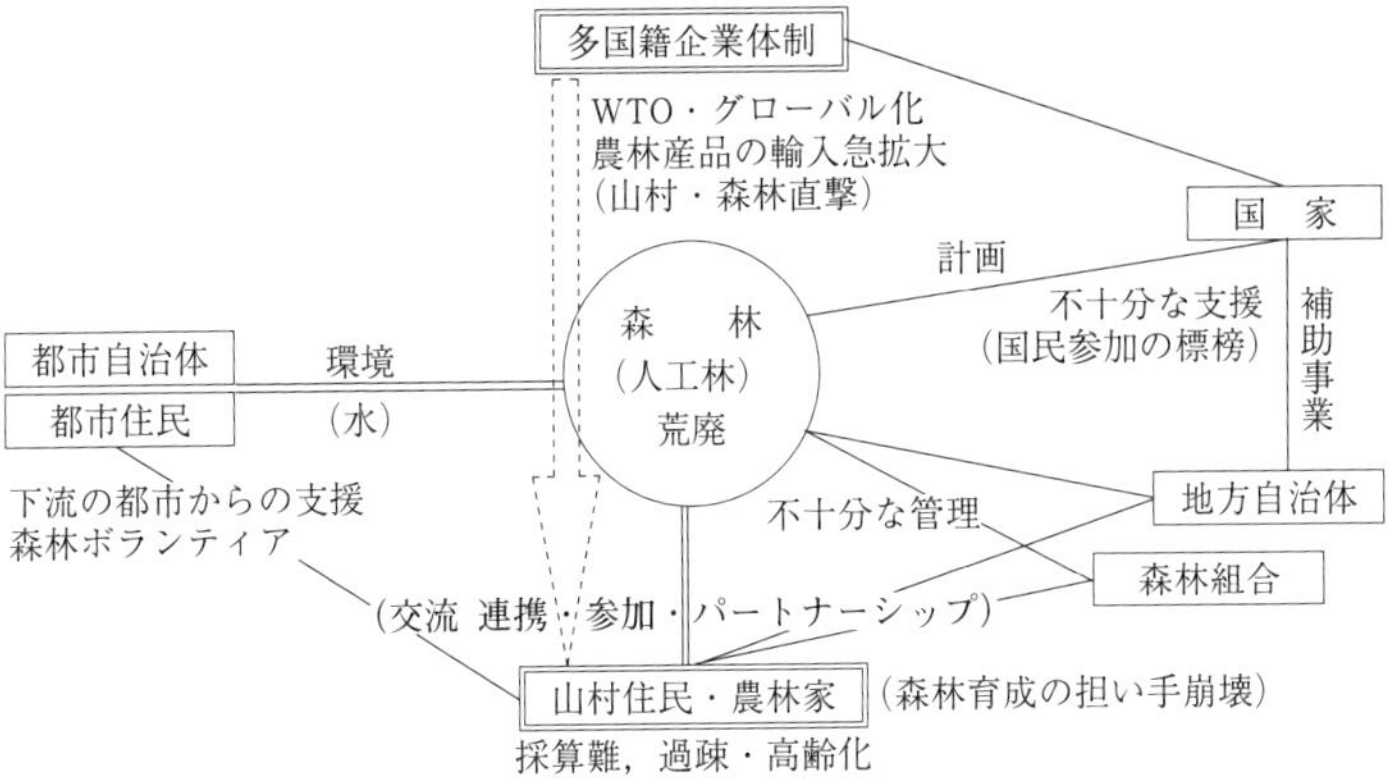


図1-4　現代の山村・森林（水源林）荒廃の構図と対抗関係

ち政府・大資本で、それに対抗する運動がおきたことはすでに述べた通りであるが、現代にあっても、グローバル化の進行と多国籍企業が世界経済の根幹を支配する中での競争原理が山村農林家の経営を危機に陥れ、植林地の荒廃が水循環系を弱体化させ、市民・住民にも環境面で悪影響を及ぼしているのである。だが、現代の社会システム（図1-4）のもとでは、対抗する相手があまりにも巨大で、地域、流域からかけ離れたものとなり、前者のような対抗関係が表面には出てこない。かくして、対抗する相手が見えなくなることによって、「運動」から「参加」へ、すなわち市民参加、住民参加、パートナーシップといった連携型ないしは交流型のものとならざるを得ないのである。とくに、上流対下流の関係、森林・農林家対市民の関係において、そのことがいえよう。ただ、流域のもう一つの自然資源である水・川をめぐっては、電力資本がからむ水利権の問題や水質汚染源に関わって、対抗関係が生じるケースも時として見られる。四万十川の家地川ダム水利権更新問題で激しい撤去運動が展開したようにである。

このように、被害を受ける住民・市民の立場は、現代にあっては部分的には高度成長期のような対立関係のもとに、「運動」の側面も残されてはいるが、おおむね連携と「参加」の方向に変化してきたといってよいであろう。

## 社会システムと市民・住民

前項では運動から参加への流れと現代の社会システムについてふれたが、ここでは市民・住民の関わり方について述べよう。

自然資源（森・川・海）をめぐる利用と保護の社会システムにおいて、市民と住民はどういう位置づけになるであろうか。かつての名高い山の原生林開発、たとえば屋久島、白神山地、知床などのケースでは、自然保護運動は市民と住民が一体となって展開するケースが見られたこともあって、筆者は以前の著作[3]においてしばしば「市民・住民」あるいは都市民と山村住民という表現を用いて分析してきた。七〇年代～八〇年代の天然林開発をめぐる社会システムにおいて、行政・総資本からなる上部構造に対抗する力として運動主体としての都市民、山村住民があった。この場合に市民というのは、地域外の都市住民で「守る会」運動に共感して運動に参加する者を意味するが、中には外から（客観的な見地から）判断するが故に、環境保護の視点に立って地域住民よりも積極的な運動を展開し、住民をリードしていくケースもみられた。また、都市サイドのみからの外来型自然保護運動が展開することも多く、その際は市民の運動はしばしば地域住民ぬきで行われることもあった。一口に住民といっても、開発に反対する者もいれば賛成する者（土建関連業者など開発によって利益をうけるが故に「開発賛成期成同盟」などを結成する者）もいる。とくに山村は既存の産業が乏しい上に衰退が著しいため、新たな可能性に対しての開発指向も強いなど複雑な関係にあった。

ところが、対抗する相手が多国籍企業体制という巨大なものとなった現代においては、キーワードは「連携と参加」といわれる時代にいたったことは先に述べた通りであり、参加型社会システムの形成による対抗力をつけて初めて巨大な力に立ち向かう可能性が開けてくる。連携や市民参加、住民参加が内発的におきたケースも見られるが、近年においては、流域の自然資源を守るための活動、森林整備や清流保全に向けてのボランティア活動など、政策的に仕組まれたものが多くなっている。「国民参加の森づくり」という名のもとに推進されている「森林ボランティア」もそういった行政主導型が多くを占める。まだ、歴史が浅いこともあって市民は実働的なボランティアに至らずレクリエーション的に参加しているケースが多い。

確かに、真にボランティアに成長している市民グループもないわけではないが、現実には山側の受け皿となる人々が、参加する市民に対してボランティアとなるという逆のケースも少なくない。内実はともかく、国民参加とか市民参加といった流域を超えた連携の場合においても、市民が森林・山村の実態にふれ、意識を高めることが対抗力を形成することにつながる可能性があるという意味で、それなりの意義はあるといえよう。

ところで、流域を前提とすると、下流に住む都市民も川とは環境を通じて密接な関わりをもっており、そういう意味では下流市民も住民といって差し支えない。しかしながら、同じ流域にあっても森林との関わりに限って考えると、上流の住民と下流の住民とでは、かなり大きな違いがある。上流の住民の多くは森林を所有し経営を行ったり、木材関連産業や森林観光産業等に就労したりして、直接的な関わりを持っている。いうまでもなく、環境面でも下流の人々よりは強い関わりを持っている。下流の住民も森が荒れていれば被害を受け、良好ならば恩恵を受けるというように関わりをもっていることは事実である。が、都市民は森林の管理や整備にあっては、基本的には門外漢の立場にあり、明らかに上流住民とは性格を異にする。産業や所有を含めた森林とのかかわりに関していえば、上流の住民に対して下流の都市民は、関わりの程度は薄く、上流の人々を住民、下流の人々を森林管理や整備に直接的な関わりを持たない都市民という意味で市民と呼んでよいであろう。

現代においては、流域によって差異はあるものの、都市民が次第に森林の整備に関心を持ち出してきている。矢作川では上下流交流や資金面での上流支援が行われている。また、隣の豊川《とよかわ》流域では下流の都市民が上流の森林整備にボランティアとして大勢参加しているし、清水市の興津《おきつ》川流域でも同様に市民参加が組織的に行われだした。このように、上流の森のことは単に山村の人たちにまかせるだけではなく、下流の人たちも何らかの関わりを持つことによって、共同で森林整備をすすめようとする試みが各地で行われるようになったことは前進といえよう。

## 第三節　流域環境保護への取り組みと課題

### 1　途上国の流域環境再生への試み

#### フィリピン—成否の鍵を握る住民参加

フィリピンでは流域環境保護として、水資源の確保の観点と洪水災害防止の両面から水源林の造成プロジェクトが行われている。熱帯で雨の多い地域であることから、六〇〇〇人もの死者・行方不明者をだしたレイテ島オルモック市の大災害（九一年）を筆頭に、洪水災害にたびたび襲われていることは知っていたが、巨大都市マニラはともかく、訪れるまではセブ市などの他の都市でも水資源確保に苦心していたのは意外であった。雨量は多くても、島国で山の奥行きが浅いところであったり、山が荒廃して保水力が失われていたりするからである。

マニラの水源地の一つパンタバンガンダムの上流部の荒廃地（草原無立木地）に、一九七六年から九二年にかけて日本のＯＤＡプロジェクトが入って大規模な水源林造成を展開したことがある。このプロジェクトでは住民（土地なし農民・小作人等）は労働者として雇われ、就労の機会

セブ市の水源林地帯

が得られたのであるが、植林が完了すれば彼らは植林地とは無関係な元の小作などの仕事に戻り、貧困な生活を送らざるをえない。植林地という森と人（住民）との関わりは、完了とともに終わってしまうのであり、森ができたとしても国有地から住民は排除されるのである。そのため、住民はせっかく造成した植林地に愛着がもてず、給料の支払いが遅れたり、雇用の打ち切りなど労働争議があると必ずといってよいほど、頻繁に放火され、元の焼け野原と化すのである。結局、このプロジェクトは、技術者たちの必死の努力、協力にもかかわらず、フィリピン政府の方針のもとに住民排除型で行われたこともあって、一〇年計画を大幅に上回り、一六年間かけてやっと予定の三分の一程度の植林地の造成に成功したにすぎなかったのである。

一方、二〇〇一年三月にセブ市の水源地の一つタリイサイの社会林業プロジェクトが行われている流域を訪れた時、川が割と日本の山間地の流域によく似ていると感じた。樹木こそ本来の熱帯林とはほど遠く灌木、雑木がほとんどだが、緑に覆われ、水も濁っておらず、安定した様相を

マンゴーが植えられているセブ市の水源地再生プロジェクト

示していた。ここは、今から二十数年前までは違法伐採や焼き畑移動耕作が広範に行われ、山はひどく荒廃し川も濁っていたという。しかし、リゾート開発、工業誘致、そして都市的発展をとげるセブ市および周辺にとって、水の確保は必要欠くべからざるものとなった。そこで、水源林造成を目的に一九八〇年ごろに最初に政府（環境天然資源省ＤＥＮＲ）が住民を雇用して、イエマネやマホガニーなどの植林を開始し、八二年からは社会林業に転換しながらプロジェクトを展開していった。このプロジェクトが発展の軌道に乗ったのは九〇年代に入ってからであり、最大の収入源となったマンゴー栽培の成功による。かなりの急斜面に植えられた樹木は説明を受けるまではマンゴーとは気がつかないほど自然の樹木の形を保っている。高価に売れるマンゴーに加えて、他の果樹やアグロフォレストリー形態で営まれる農作物などによって農民の生活は豊かになり、プロジェクトへの参加者と面積も大きく拡大してきた。こうした旧来の焼き畑農法から、農民が多数参加しつつ近代的な農法を確立し、緑・森林づくりに転換することによって、水源流域が安定し、山の住民にも下流の市民や産業にも好結果をもたらしているのである。

フィリピンの森は、スペイン、アメリカの植民地時代、そして第二次大戦と戦後の日本の高度成長期において大規模に乱伐され、とくに過去六〇年間に日本がかかわって失われた熱帯林の面積は大きい。ようやく、一九八〇年ごろから行政主導により再生の途を歩み始め、その一環として流域単位の水源林造成も進められるようになった。一般的には必ずしも成功しているとはいえないものの、住民にとってメリットのある造成方法と組織化が成功したところ、すなわち山・森と人のかかわりにおいて住民のために機能しているところでは、成功事例も見られ、少しずつではあるが再生への歩みをはじめているのである。

## 中国の取り組み──長江中流の先発緑化地帯を訪ねて

長い歴史の中で、面積の広大さや独特の文化を誇る中国は、一方では農耕と放牧によって森を大規模に失ってきた国でもあった。森を失い、不毛の荒廃地を増やした国や地域では、地力の減耗によって人々が生きていくための糧を失い、環境の悪化によって住むことができない土地を増やしてきた。中国では、黄河中上流域の黄土高原が漢民族が住み着いて以来農耕によって荒廃が

98 年長江洪水時に街を襲った水位
(湖南省石門県にて)

緑･森林の重要性をかかげるポスター
(上海空港にて)

進んだ典型的な地域であり、長江の中上流域も農耕と放牧によって山の荒廃が進んできた地域である。他の流域においても大なり小なり、同様の現象がすすんできた。

われわれは二〇〇〇年に二度中国を訪れたが、上海空港内で目に飛び込んできたのは、大きな柱に森の写真とともに掲げられた次のような文言であった。「緑色生命的源泉」、「水資源是有限的」、すなわち、緑は命の源であり、水資源は有限だ、だから森を大切にしよう、と謳っているのである。近くに、長江のような巨大な河があるところでもそうなんだ、と驚いたものである。

その折、われわれは長江流域では、湖南省の石門県を訪れた。長江支流の川辺に広がる平地部では、九八年の豪雨の際、堤防を越流した水が街を襲い、その水位の高さは写真が示すよう

湖南省の山村風景．山は果樹植栽や封山育林などによって蘇っている

に、人の背丈よりもはるかに上回るものであった。九八年長江洪水では、罹災者総数が二億人を超える大洪水災害でありながら、四〇〇〇人程度の死者でとどまったのは、日本でも当日の洪水の様子がテレビで放映されたように、情報が発達した現代では、洪水の波及予測、行政の対応、そして住民の避難が可能となったからである。これほどの大洪水が襲った場合、情報が発達していない昔なら数十万、あるいは百万を超える人々が犠牲になったであろう。実際、中国の災害の歴史をひもとくと膨大な人たちが洪水災害の犠牲になっている。

そしてこの地域では、三峡ダム建設計画と関連して、八九年から「長江中上流防護林プロジェクト」を立ち上げて森林再生につとめている。その手段として、人や家畜が一定期間山に入ることを禁じた「封山育林」の手法がとられ、至る所にそのことを示す看板が目に付いた。国家行政主導のもとに、末端の村民委員会での話し合いを経て実施を行う。もちろん村民の生活が成り立つ必要があることから、山の利用も全面的にやめさせるのではなく、耕作地や果樹などの経済林、用材林（コウヨウザン、アブラマツ）などの植林・経営も行う区域を認めるなど生活を保証しながら緑・森林を増やす方策をとっている。その結果、かつてははげ山であったり貧弱な灌木が多くを占めていたものが、かなり森林が回復し、訪れた山間の村は緑が豊かで、落ち着いたふるさと的な雰囲気を醸し出していた。水田があり農耕も可能で、果樹などで現金収入の途を開いていった地域だから「封山」も可能だったのかもしれない。

水源地帯が荒廃した山々に覆われる長江そして黄河をどう治めるか、これは今や中国の環境問題の大きな課題の一つとなっている。山間地が多くを占める長江上流の四川、雲南、貴州省など広大な水源域の森林の再生を図るためには、大変な資金と住民の生活・生産様式の転換など多大な努力、協力が払われなければならない。中流域の湖南省よりははるかに厳しい自然条件の中での再生への途は容易なことではない。国家行政力主導による転換策と住民生活の間にはギャップがあるだろう。まだなお行政力が強い国であることから、中下流域の安全確保のための緑・森林の再生は、喫緊の課題として村民委員会で住民の合意形成を図りながら実行していかざるをえない。長江流域の場合は雨も多く気候も温暖であることから植林、「封山育林」、天然林保護などの形で再生が可能なことは、すでに私たちが訪れた湖南省などで実証済みであるといってよい。だが、上流部の放牧が盛んな奥地山村ではそんなに容易に再生への道を歩めるとは思えない。住民の参加を促進しながら、いかに人々の生活と環境保護との折り合いをつけていくかが最大の課題であろう。

## 少雨地帯での取り組み——北京水源林を訪ねて

黄河流域の水源地帯は、黄土高原の割合が大きいが、ここは年間降水量四〇〇ミリといわれるほど少雨である上に、漢民族が農耕を始めて以降面積で半分を占めていた森林はすべてといってよいほど耕地に変えられていった。乾期にはこの地域ばかりでなく北京市辺りまで砂嵐に襲われ、西日本にも春先には黄砂となって降り注ぐ。また、水を含めばもろく崩れやすいシルトという土壌のために雨が降れば浸食谷が深く形成され、大量の土砂が黄河に流れ込み、濁流となって下流に運ばれていく。下流の平地部では土砂の堆積により天井川が形成されており、もし異常降雨があった場合には、九八年長江災害と同様にこの流域も洪水災害に見舞われる危険性を宿している。一方、近年騒がれた「断流」問題は中下流での水の使い方の調整によって、かなり解決に近づいているといわれる。

さて、われわれは、荒廃が著しい黄土高原地帯の植林緑化に関わって、その東側に位置する北京水源林を訪れた。二〇世紀半ばの荒廃した状況は、黄土高原地帯のそれとほとんど変わらなかったにもかかわらず、その後、北京という首都の水瓶地帯であるが故に、国家行政の目が行き届き水源林造成が大いに前進した先発地域として位置づけられる。

筆者は「造林」という概念をここに来て初めて理解したように思う。すなわち、単なる植林で

荒廃した山に造林を開始したところ（北京市の水源地帯にて）

なく森林を造成すること、その基本的手法も階段状ないしは小さな段々畑のように山を切り、大きな穴を掘ってそこに苗を植える。雨量が少ないため降った雨水や土が斜面に流れださないよう工夫をしているのである。北京水源林の山地では、もろい岩も掘り出して太陽にさらして風化させ、それを砕いて土にして植林したり、極端には環境・景観改善のためにダイナマイトまで使用した爆破造林までやってしまうという。一般的には階段型が多くを占め、植林した後しばらく封山にしたり、灌木などからなる若い天然林を封山育林によって森の再生を待つといった造成方法も行われる。道路のない奥地の場合は航空播種、すなわち飛行機から種を撒き、その発芽によって森ができるのを待つというやり方も採られる。

今の日本の植林は、斜面に鍬で小さな穴を掘り、足で周囲の土を踏み固める程度の植え方でよいのに比べれば、中国の少雨地帯の荒廃地ではツルハシとスコッ

階段状に造林が行われ，ある程度成林している（北京市にて）

プで階段状にして大きめの穴を掘る、その労力は比べものにならないほど大変である。もっとも昔の日本においてもはげ山緑化ないしは治山工事では同じような手法が採られ、「淀川治水史」などを読むと、中国と同様の方法で植え付け「封山」して森林を造成するというやり方が採られていたことがわかる。

山の地力が失われ不毛の地と化したところでの森林再生には、ただ植林するだけでなく工事ともいえる大変な人手と費用、そして育林にも長い年月を要するのである。手当が十分でなかったり降水が不足するとせっかく植えた苗木も枯れる。この地帯では、過去の活着率は二～三割程度で、近年では農民への請け負わせのやり方を変え、指導を強化したこともあって、活着率は改善されていると言われる。

私たちが訪れた集落でまず目に付いたのは、家の壁などに古ぼけてはいるが目立つエンジ色のペンキで、土砂流出の防止を図ろうといった意味のスローガンが書かれていた。この流域も、かつてはちょっとした大雨で土砂災害や洪水災害が発生し、それを防ごうとしたなごりであろう。森づくりがある程度進んできた今日、環境保護と住民の生活の両立も必要なこともあって、北京市林業局と村民委員会などの協議を経て、果樹やアグロフォレストリーをも営める「経済林」地区をもうけるなど、ゾーニングによって解決の途を探っている。また、ドイツの支援によって小流域ながら総合保全プロジェクトも立ち上げ、住民のキャパシティビルディング（能力開発）をも進めようという動きも見られる。これは、途上国の住民参加型開発の理念であるピープル・エンパワーメント、すなわち住民が力を付けて自分たちでプロジェクトを運営していく、内発的発展の考え方に通じるものがある。

## 2　流域の環境保護をめぐる課題

### 環境保護にとって望ましい森づくり

中国やフィリピンの荒廃した山々では、行政主導にしろ、エンパワーメントを身につけた住民参加型にしろ、とにかく、水源林や洪水防止機能をもった森をつくること自体が課題となっている。地方の山地、農山村にも多くの人々が住んでいるわけであるから、人々の生活の糧をえる手段を改善すると同時に緑環境資源を充実させるという調和ある山地利用形態への転換と再生が欠かせない。実現のためには、資金と技術と住民意識の転換を伴う組織的な対応、エンパワーメントを身につけたプロジェクトの実施が課題なのである。森づくりそのものは、失われた段階からの出発であるから、とにかく、いろんな形の植林と手入れの実行あるのみであろう。

これに対して日本の場合は、かつての開発や植林の結果、現代の流域の森林は一般的には植林（人工林）と天然生二次林（雑木林）が多くを占め、とくに西南日本の森林では人工林が六〇％以上を占めるほどである。北海道、東北山地などにわずかに残された原生流域を守ることの重要性もさることながら、人工林が多くを占める一般的な森林をどうするかが、課題である。途上国と異なるのは、植林によってほとんどの山地は森林に覆われていること、山村が過疎・高齢化によって衰退していることである。

環境保護の視点からは二点が指摘される。一つは、間伐等保育手入れが十分でないこと、もう一つは、人工林地帯ではモノカルチュアの森林が多いことである。後者の議論によって前者も包括されるので、モノカルチュアの問題性について述べよう。日本の植林は、国有林も民有林も、スギ、ヒノキ、カラマツなどの樹種を中心に、伐採跡地に一斉にかなり密に行われてきた。そこでは、生物多様性、生態系保全、景観維持そして河畔林や渓畔林などへの配慮等、今日的な環境保護の視点に立って計画的に植林が行われてくることはなかった。むしろ、国有林も含めて土地所有とその利用の行使権は、犯すべからざる財産権のようなもので、かつては、他者が口を出すことはできなかった。当然のことながら所有者個々は植林にあたって、地域的環境的配慮を行う義務もなかったし、当時そのことの大切さに気づく人もほとんどいなかったといってよい。その結果、一定の面積単位の集合体として大面積にわたる単一樹種の森林がつくられていったのであ

谷筋に残された渓畔林（モザイクの森の一要素）
渓畔林や川辺林は，景観，生物多様性，防災などの視点から大切である

る。

### 環境保護機能の高いモザイクの森

モノカルチュアの森林が多くを占めることの弊害は、外から俯瞰《ふかん》的に見た場合、人工林と天然林、渓畔林等が適当に入り交じって配置された「モザイクの森」(9)に比べて、保水力や土砂崩壊防止力は劣り、多面的な環境保護面でも劣ることにある。また、森を縦断面で見た場合、とくに手入れが行き届いていない人工林は、下層に植生がなく、植林樹種のみの最も単純なものとなる。その場合、とくに急傾斜地のヒノキ林では表土が流出して保水力が低下するのはよく知られている。

かつて日本の森林は、よく利用され、手入れされているところでは薪炭林、採草地、用材林等からなるモザイクの森があった。草地、雑木林、人工林等から構成される中で、過度に草地などに利用された

環境保護機能の高い立体的なモザイクの森

ところでは荒廃問題が生じたが、適度な利用は環境保護面でも好影響をもたらしていた。それに対して現代は、採算がとれないために農林家の山離れが激しく、利用が遠ざかり放置された状況にある。そうした人工林でも成長してくると、保水力が劣る中で樹木群による水の吸い上げと葉からの蒸散量が増えるために、谷や川の水量が減るという現象がおこるのであろう。そういう観点から、間伐して大きい木を減らし、水消費が少なくかつ保水力を高める下層植生を生やすことは大事なことである。

平面的に見ても、立体的に見ても多層でモザイク状の森が、環境保護にとって最も望ましい形なのだと考えられる。筆者の経験において、九八年高知豪雨の際、演習林の宿舎で合宿中に二日間で九八〇ミリに達する豪雨に遭ったにもかかわらず、取水している小さな谷の水が濁らなかったという驚くべき事実がある。その谷の集水域は、偶然にも人工林と広葉樹林が交互に配置されたモザイクの森であったため、表土も全く流れることなく、澄み切った水が供給され、実習を続けることができた。いうまでもなく、これだけの豪雨であるから国道などが崩壊し通行止めになったり、川や本谷は濁流が渦巻く激流と化し、水源域が演習林の所在地に近い国分川《こくぶ》は氾濫し、下流の高知市では家屋浸水など大被害をもたらしたにもかかわらずである。

後章で述べる四万十川源流域の梼原町《ゆすはら》はＦＳＣ（森林管理協議会）の認証取得を行った。それは環境保全に配慮した「持続可能な森林経営」が行われていると評価された場合に、生産材にＦＳＣのロゴマークを付けて販売することができるというものである。梼原町が認証審査を受けることによって得た収穫は、森づくりに関する意識が環境に対する配慮の方向に大きく変化したことである。それまで、森林組合にしろ林家にしろ環境に配慮した施業を意識的に行うことはなかったといってよい。他地域に比べて活発な間伐への取り組みと林家台帳を整備した森林組合の活動によって、審査をパスすることができたが、しかし注文もかなり多く付けられている。今後、生物多様性への配慮や土壌、水、そしてランドスケープ面でのモニタリングの実施を行うこと、つまり環境配慮を科学的に把握することが求められているのである。その最終目標は、平面的にしろ立体的にしろ、モザイクの森に少しでも近づけることであろう。

## 住民参加・市民参加と山村の内発力

日本の山間地は、木材・住宅産業への大資本の参入とともに国産材が使用されなくなったため、林業の構造不況化と過疎の進行が著しく、農林家が森を守り育てる力をなくしてきた。かつてのように放っておいても農林家が山に入って、植林し手入れを行うという時代は二〇世紀の終盤には終わったといってよい。現代において、荒廃から再生のための課題となっている放置植林地の整備に向けて次の三つが考えられる。

① 国家や地方自治体による、水源税等を財源とする直接所得補償等による助成。

② 地域住民（農林家）の参加による組織的内発力の発揮。

③ 都市との交流、市民参加による連携の強化。

比重の置き方の差はあるにしても、森林再生・環境保護のためにはこれらの組み合わせによる対策が必要となる。①の課題については次項で述べ、ここでは②と③についてふれる。

組織的な住民参加については、協同体として機能する場合の森林組合を中心に数十人の林家が参加して、共同で手入れを行う施業団地と組み合わせて実施するケースが増え始めている。また、すでに農業のデカップリングと関連させて集落営農に展開させるようなケースがある。例えば梼原町においては、町独自の森林交付金とFSCとをからめて、参加する林家を「集落営林」のような形に発展させようという願いをもちはじめている。もっとも、林業の場合、自ら施業に参加する割合は低いが、共同で行うことの合意形成と集落単位での話し合い、勉強会を通じて、環境に配慮することの大切さの意識、認識が高まることが大きなメリットとなるのである。それによって森づくりばかりでなく、地域づくり面でも前進するという副次的効果ももたらされる。

四万十川流域のように、農山村社会にあって森、耕地そして川を生業と産業のために生かすことが強く求められる流域にあっては、環境保護と人づくり、そしてモノづくりが一体となって持続可能な地域づくりが進展する可能性も残されている。地域に定着して意識の高い住民が育つことが流域の環境保護にとっては重要なことなのである。梼原町のケースは、森林組合を核として住民参加による森林再生、発展に向けてすすみ始め、環境保護と人づくり、産業おこしの面でも内発的発展の方向に前進し始めているまれな事例の一つであろう。内発的発展という地域からの運動論的な展開は極めて重要なことではあるが、現実には厳しい衰退要因のもとにそのエネルギーを失ったり、持ち得ない山村が少なくなく、むしろそういった状況が一般的であるといってよい。

　山村衰退と森林荒廃が進む中で、森づくりに対して産業面では関わりを持たない市民が「森林ボランティア」の形で参加するケースが増えていることは周知のとおりである。都市からの支援や市民参加は、市民の意識に一定の変化はもたらすものの、その受け皿となる山村側がうまく歯車をかみ合わせて運営をしていかないと、森づくりや環境保護に向けて十全な機能を果たし得ない。また、市民も単なるレクリエーション感覚で参加するにとどまることなく、豊川流域や興津川で見られだしているような山村の人々と共同する本物のボランティアに成長する必要がある。だが、結局は政策支援も含めて、都市や市民からの交流・連携の申し出、資金や外からのチエを生かすも殺すも山村次第といえなくもない。確かに、今日の集落崩壊に至るほどの深刻な危機的状況（国土庁の九六年の調査では、「一〇年間で無住化」「その後無住化」の集落が二千にも達する）のもとでは、山村の運動として下流の都市や市民に、あるいは広く国民に窮状を訴え、支援を受けることも必要なことである。それと同時に、基本は山村自らができる限り力量を高め、内発的発展の努力をしていくこともまた重要なことである。

## 費用分担と「水源税」

上流の山村に対する支援、下流からの費用分担に関しては、国政レベルでは八〇年代半ばの「水源税」構想、そして九〇年代の「森林交付税」構想が、山村側からの要請ないしは運動として展開したが、いずれも実現しないまま今日に至っている。さらなる厳しい状況に置かれる山村の再生には、流域を超えて日本の国土・環境保護の視点から国民的支援が必要なことは、いうまでもない。

これまで、流域単位には「水源林造成」、「水源林整備」を目指して、下流の自治体を中心に、水道局、電力資本などが費用を分担して、公社（びわこ造林公社等）や基金（福岡県水源の森基金等）の形で上流の森林整備を進める形が見られた。だが、多くは森づくり・森林整備の視点が中心で、地域づくりの視点をもったものはほとんどなかったといってよい。わずかに、横浜市が山梨県道志村で行っている水源林整備の中で、村との交流を深め地域づくりに一役買うというくらいであろうか。

近年の新しい動きの中では、神奈川県に次いで、矢作川流域の事例で見られる下流の都市（豊田市）が市民の水道料金から上流山村の森林整備に使う形の費用分担が始まった。また、神奈川県、鳥取県、高知県では地方分権整備法に基づき、独自に県民から「水源税」を徴収して、森林の整備の財源に充てようという構想が持ち上がっている。高知県の場合、九九年夏に県民を対象に実施したアンケート調査の結果、水源林の整備に一定の負担をしてもよいという回答が七四％に達したことを根拠にするもので、さらに県民の合意形成を図りつつ、二〇〇二年度実施を目指して県にプロジェクトチームをつくって具体的な検討に入っている。

県単位や流域単位でのこれらの取り組みは、国家財政の危機と地方分権化の流れの中で、過渡的措置としては一定の評価はできよう。しかしながら、現実には自治体ごとに、ないしは流域ごとに負担者の財政力に著しい格差があるため、面積あたりないしは住民あたりの上流支援額において大きな地域間格差が出てくる。そういう観点からは、本来は、上流への費用分担は国土・環境保全という広い視野に立って、山村農林家が等しく支援を受けることによって国土保全の空白地帯をつくらないことが大切で、支援は国政レベルで行うべきものである。

なお、この他、四万十川流域の梼原町では、「森林づくり基本条例」を制定して、風力発電所の売り上げ利益を財源として、水道水源林整備に対する助成金の支給を町独自で開始しようとしており、新しい動きとして注目される。

（1）天野礼子『ダムと日本』岩波新書、二〇〇一年。大内力・高橋裕他『流域の時代』ぎょうせい、一九九五年。
（2）畠山重篤『森は海の恋人』北斗出版、一九九四年。
（3）依光良三『森と環境の世紀』日本経済評論社、一九九九年、一五四〜一五六頁。
（4）自然資源としての流域の骨格をなすものは、川である。それは一本の樹木にたとえることができよう。すなわち、たくさんの葉っぱをつけた樹冠（クローネ）は山々の森であり、森に延びた枝たちは谷や支流である。たくさんの支流が集まり、やがて一本の大きな幹・本流となり、大地にしっかりと根付き、樹幹と大地の空間に形成される人間社会を守り潤す。水の循環においても養分の補給においてもあるいはよりよき環境を共有する上で重要なことは、樹幹が大きく広がり、枝、幹、根っこが太くしっかりしていることである。ここで、目にふれない根っこの部分とは人が作り出す社会システムと考えたい。人間が支配する今日の流域にあっては社会システムもしっかりしていないと、健全な樹木は育たないからである。「草の根運動」と同様、根っこは住民や市民の参加、広がりがあってこそ、大木を支えうる力となる。根っこが病んで萎縮していけば、当然、樹幹も貧弱なものとなり、ついには枯れてしまって、樹幹に守られていた空間は、豪雨の直撃を受け、強烈な太陽光線に焼かれる過酷で劣悪な環境に変貌するのである。
（5）永田恵十郎『地域資源の国民的利用』農文協、一九八八年、八四〜八七頁。
（6）井上真・宮内泰介編『コモンズの社会学』新曜社、二〇〇一年。
（7）永田恵十郎、前掲書、八九頁。
（8）詳しくは依光良三、前掲書参照。
（9）木平勇吉「森林モザイク論」林業経済NO.五七七、一九九六年、七頁。木平は、「森林モザイクとは、樹種の異なる林分、林齢の異なる林分、施業目的の異なる林分、あるいは人工林と天然林とが互いに隣接しながら広がる森林の配置模様の様子のことである」と定義しており、筆者の概念も近いものがある。

# 第二章　農山村社会における清流保全

四万十川は人の営みと自然がマッチして詩情を醸し出す
（西土佐村口屋内にて）

# 第一節　四万十川保全運動

## 1　流域の特徴と清流保全の歩み

### 豊かな川と農山村

四万十《しまんと》川は、東津野村の不入山《いらず》（一三三六メートル）に源を発し、流程一九六キロメートルの比較的大型河川である。外国の川に比べて日本の川は滝のようだといわれるが、四万十川は源流域はともかく、大野見村辺りから中下流にかけて下るほどなだらかとなる。緑濃い山間を縫うようにゆったりと清流が流れ、沈下《ちんか》橋や落ちついた集落のたたずまいとあいまって豊かな風情が醸し出されている。そこには、村人と自然の織りなす「ふるさと原風景」的な景観が広がり、日本各地で失われた川本来の自然の姿が残されている。ただし、今日、もてはやされている四万十川はせいぜい十和《とおわ》村辺りから西土佐村、中村市に至る下流部であり、河川にとって重要といわれる中流部はダムと大型堰堤のために寸断され、その自然度は著しく損なわれている状況にある。

四万十川は天然繁殖魚も七六種と全国一豊かな川である。豊富なアユやウナギ、川エビ、ゴリ、ツガニなどは名物として食材に供され、青ノリも全国一のシェアと品質を誇る。また、汽水域に生息する大型魚のアカメも四万十川のシンボルの一つとなっている。このように、豊かな魚を育む四万十川には、専業の川漁師の他に個々にアユ釣りやエビ捕りを楽しんだり、集落内のグループでアユの火振り漁を楽しむ住民も多く、「母なる川」ともいわれるほどに地域の人びとに親しまれてきた川である。

次に、土地、人口等一般的概況についてふれておこう。流域の高知県側の八市町村の土地面積は一七万四千ヘクタール、うち森林が八八％を占める。総人口はほぼ七万人で、支流の広見川流域（愛媛県）を含んでも合計一〇万人に満たない。最大の人口を有するのは、最下流に位置する中村市で約三万五千人、それに続くのが窪川町の一万五千人弱である。高知県側の他の町村は軒並み五千人以下の人口にとどまり、流域には大都市や工業地帯のない、山間の農山村を流れていることが特徴である。

流域の産業はかつては、木材、木炭、シイタケ生産などの林業、和紙生産やその原料生産、稲作などの農業、そして川漁が主なものであった。アユ、ウナギ、エビなどの川魚は販売もするが、どちらかというと自給的食材としてどの家庭でも馴染みのあるものであった。今日では上流は木材生産と茶、中流は米と野菜、そして下流は農業と商業、漁業などとなっている。また、道路建設、生産基盤整備のための土建産業が大きな位置を占めてきたのはどこも同じであろう。

このように、大都市圏から離れた地方に立地し、工業がなく農林業中心であること、人口密度が低いということ、そして住民が川に親しみ、森と川の幸に恵まれて生計を営んできたことなどが特徴である。矢作川流域との決定的な違いは、下流に大きな都市がなく、下流が上流を支える

表 2-1　四万十川流域市町村の概況（高知県側）

| 市町村名 | 人　口 | 対 60 年比 | 土地面積 | 耕地率 | 森林率 | 人工林率 |
|---|---|---|---|---|---|---|
| 梼原町 | 4,860 | (0.5) | 23,651ha | 1.5% | 91% | 75% |
| 東津野村 | 2,833 | (0.5) | 13,147 | 1.7 | 92 | 67 |
| 大野見村 | 1,711 | (0.5) | 10,041 | 2.5 | 92 | 78 |
| 窪川町 | 14,841 | (0.6) | 27,808 | 6.6 | 83 | 75 |
| 大正町 | 3,429 | (0.5) | 19,932 | 1.5 | 92 | 73 |
| 十和村 | 3,573 | (0.5) | 16,466 | 2.3 | 91 | 55 |
| 西土佐村 | 3,816 | (0.5) | 24,784 | 2.2 | 91 | 65 |
| 中村市 | 34,972 | (0.9) | 38,466 | 4.3 | 81 | 63 |
| 合計 | 70,035 | (0.7) | 174,295 | 3.2 | 88 | 68 |

注）1. 人口は 2000 年センサス，森林等は 1990 年林業センサスによる．
2. 愛媛県側は西土佐村から分岐している支流の広見川上流部にあたるが，ここでは省略する．

だけの財政力が全くないということである。そればかりか唯一の市である中村市自体も面積の八〇%を森林が占め、広大に放置されている手入れ不足の人工林をもてあまし、どう整備するのかという課題を抱えている。つまり、下流も上流も同じように日本資本主義の歪みやWTO体制がもたらす構造的危機に直面しており、流域レベルでは解決困難な課題である。とりわけ、森林と流域の環境を守り育てる山村の人々と産業を維持できるかどうかが基本的課題なのである。

## 清流保全の歩み

日本最後の清流といわれる四万十川だが、その清流は偶然残ったわけではない。表2-1に示すように、歴史的流れの第一期には、高度経済成長期においてダム開発に反対する住民運動が展開したことがあげられる。第二期は八〇年代半ば前後に当たる。それまでの治水・利水に偏った河川行政と工業化の進展のもとでダム建設、河川改修、排水汚染などによって日本列島から川らしい川が急速に失われてきた中で、「日本最後の清流四万十川」がもてはやされるようになったことである。これは、NHKテレビを初めとするマスコミの他に都市の作家やアウトドアルポライターなどが媒体となり、あるいは映画の舞台ともなって全国に好イメージをもって広く知られるようになったという背景がある。

第三期の八〇年代末から九〇年代初頭は、環境悪化の共通認識の時期である。四万十川においても昔と比べれば、川の本来の自然が中上流域では著しく損なわれ下流域でも水量の減少や水質の悪化が進み、このままでは「最後の清流四万十川」の名に恥じる状況にあるという認識が地域内からも外からも広がることとなった。その契機となったのは流域の住民と漁民・漁協によって展開された津賀ダム撤去に向けての運動と、四万十川の環境保護問題をテーマに中村市で開かれた第四回水郷水都全国会議であった。水郷水都全国会議では流域内及び全国の人々およそ四五〇人が集って、二日間にわたって議論が交わされた。中村市の宮本昌博事務局長による基調報告(1)ならびに各分科会においてはダム問題を初めとし、漁業、排水、そして森林問題等、流域環境にかかわる多様な問題提起が行われ、共通認識をえる場となった。その結果、流域の自治体の環境保護意識の深まりと、住民レベルでの交流と連帯が生まれたことが大きな成果である。

そして第四期は、九〇年頃から今日に至る間である。四万十川への観光客は九〇年代に入ると急増するようになり、県及び流域の自治体は一方では観光による地域づくりを進め、もう一方では排水対策から沈下橋保存、森林保全など広範囲にわたり環境保護対策に乗り出すようになる。

表 2-2　四万十川流域における開発，環境保全，地域づくり等の流れ

**ダム開発期**　戦前戦中期の軍事強権力下でのエネルギー開発

家地川ダム（1937 年，堰堤高 8 m），津賀ダム（1940 年，堤高 46 m）の建設

**大型ダム建設計画期**　国土総合開発（1950 年）・電源開発促進法（1952 年）下の開発

（1950 年～高度経済成長期）

国による渡川ダム，大正ダム，梼原ダム等，大型ダム建設と分水の推進計画

村存亡の危機として，住民による激しい反対運動の展開，建設計画を断念

**「清流四万十川」ブームの幕開けと清流保全運動の開始**

（1980 年代前半～1990 年頃）

ＮＨＫ特集「土佐四万十川　清流と魚と人と」をテレビ放映（83 年）

以降「最後の清流四万十川」としてマスコミ，著作に登場し全国に知られる

四万十川を対象に水郷水都全国会議の開催（中村市，88 年，450 人参加）

四万十川をめぐる環境（森林機能，砂利採取，廃水汚染等）問題の洗い出し

津賀ダムの水利権更新（89 年，更新にあたってダム撤去運動が活発化）

日本自然保護協会，四万十川も河川環境の悪化が進行してきたことを指摘(90 年)

**本格的な四万十観光ブームの到来**

（1990 年頃～今日）

屋形船，カヌー，水遊び・キャンプ，自然体験～アウトドアブームの定着

交流・観光施設の建設が進む～ホテル，民宿，カヌー館，オートキャンプ場等

**行政が四万十川流域対策を推進～環境保全と地域づくり**

流域市町村を対象に生活排水対策重点地域に指定（91 年）

十和村が「四万十川方式」水処理施設第 1 号を設置（93 年），県に研究会

四万十川自然環境保全推進協議会の設置（93 年）

（建設省，河川の正式名称を「渡川」から「四万十川」へ変更を認める，94 年）

「四万十川総合保全機構」の発足（流域 8 市町村，94 年）

県文化環境部に「四万十川対策室」を設置（95 年）

県「清流四万十川総合プラン 21」の策定（96 年）

「四万十川モデルフォレスト」調査の開始（97 年，10 年間）

四万十川流域の沈下橋保存方式の策定(98 年)沈下橋に 1 種，2 種区分(99 年)

県，四万十川流域を中心に環境「森林認証・FSC」への取組開始・梼原町(99 年)

「四万十川財団」の設立（2000 年）

「四万十・流域圏学会」の発足（2001 年）

県「四万十川の保全及び流域の振興に関する基本条例」の公布（2001 年）

**家地川ダム撤去運動の展開**

（1998 年～2001 年）本流の中程を寸断するダム撤去，漁民・住民，自治体の運動

とくに、九〇年代半ばから県は四万十川対策室を設け、四万十川を全国的価値のある県の宝と位置づけ、「清流四万十川総合プラン二一」の策定（九六年）を行った。そして、表から近年の動向をみれば明らかなように、県は文化財的価値の高い沈下橋保存の具体策をつくり、いわゆる四万十川条例を制定するなど川と森の環境保護政策を推進するとともに、四万十ブランドを活かした地域づくり、すなわち環境と経済の両面から「特別な流域」として力を注いでいるのである。また、流域の各自治体ごとにあるいは自治体が連携して、保全と地域づくりのためのさまざまな取り組みが行われている。(2)

一方では、九〇年代末から二〇〇一年初頭にかけては次項で述べるように流域の漁民と住民による家地川ダム撤去運動が繰り広げられ、清流復活をめざして大きな盛り上がりをみせた。

## 2 「清流四万十川」とダム撤去問題

### 清流四万十川を残した住民運動―巨大ダムの阻止

四万十川は比較的勾配の緩い流域であるため、大型ダムを造ると場所によっては水没面積が大きくその影響は極めて広範囲に及ぶ。そのため、計画を知った住民は村存亡の危機と認識し、必死の闘いを展開した。かつて渡川ダム（一九五〇年）、大正ダム（六二年）、椿原ダム（六九年）の三つの大型ダム建設計画に対する住民による建設阻止運動がそれであった。そして津賀ダム撤去運動（八七年）、家地川ダム撤去運動（二〇〇一年）など、川とともに生きてきた地域の人々が必死に

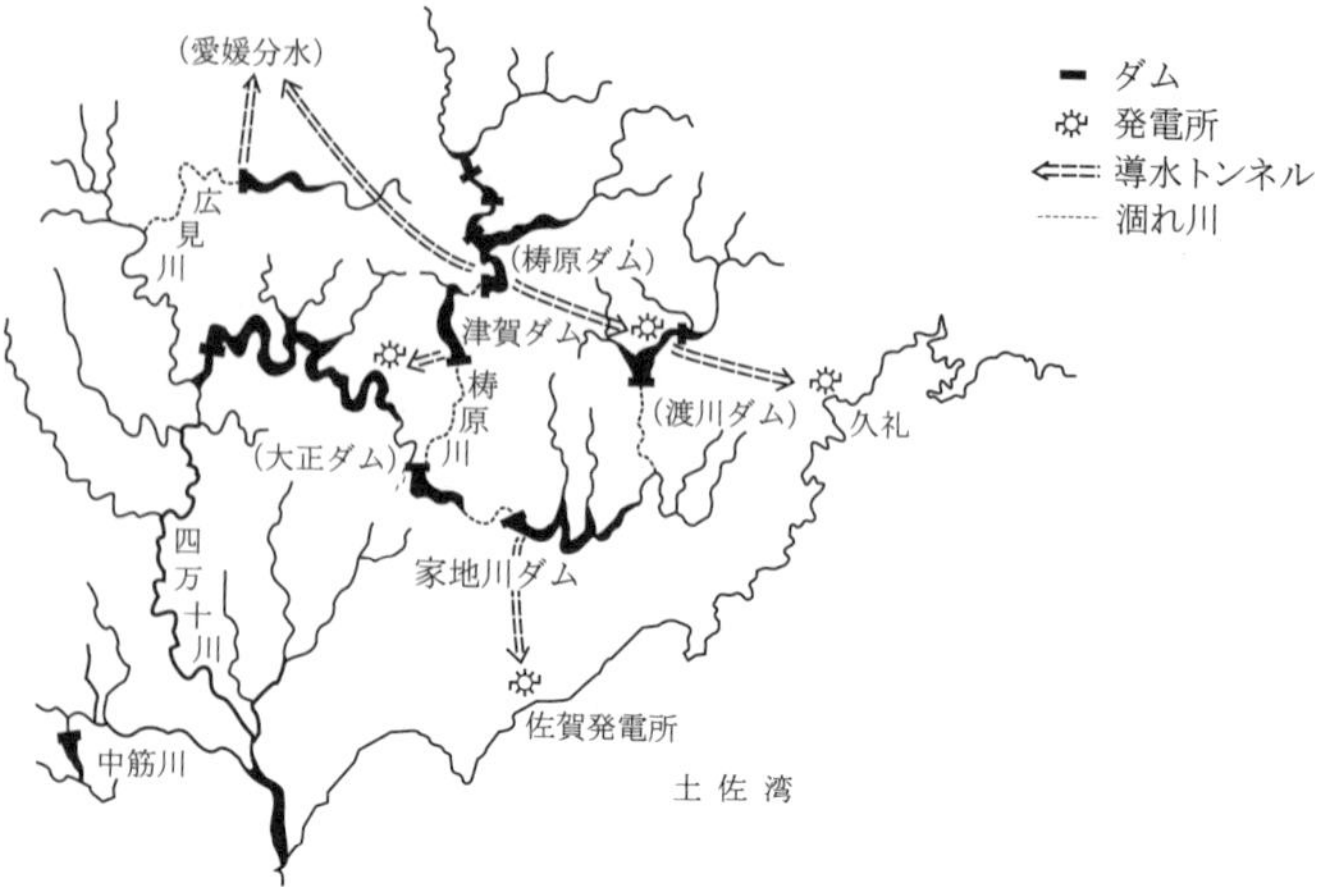


出所）高知県内水面漁業協同組合『土佐の川』129 頁，1992 年

図 2-1　四万十川において政府の計画通りにダムが建設されていた場合の略図（津賀ダムと家地川ダムは建設され，現在に至る）

なって闘い守ってきたからこそ清流は残ったのである。

とくに、国土総合開発法（五〇年）、電源開発促進法（五二年）のもとで国策として進められた大型ダム建設は全国の河川をずたずたにしてきた。もし四万十川において反対運動が起こらず政府や県の計画どおりに建設が進められていたならば、いたるところが不毛の河原砂漠となっていたであろう。以下に、渡川ダム（四万十川はかつては渡川が正式名称であった）と大正ダムの建設阻止運動について、かつて筆者が編纂にかかわった『土佐の川』から振り返っておこう。(3)

一九五〇年、窪川町栗の木地区に堤高一〇〇メートルの「渡川ダム」建設計画が発表された。とくに大野見村では農耕地や居住地の七〇%が水没することが明らかとなり、村は

「水没によって土地家屋を失い職を奪われ、帰らんとする故郷なき悲惨なる民として悲哀と絶望のどん底に突き落とされる五五〇〇有余の犠牲住民に、果たして安住の地ありや、……、一大犠牲と混乱を招来する深刻にして、非人道極まりない計画である」（大野見村誌より）と広く訴えた。村存亡の危機に直面し、村人全員が一致団結してダム建設反対運動を展開した。

一方、大正町でも五八年に同様の事態に直面し、ダム反対期成同盟を組織して反対運動を展開した。とくに六一年に電発による測量やボーリング調査が強行された時には「各集落から集まった人々は腰にノコギリ、手に鎌を持ち、目は怒りでギラギラさせ、建設阻止に強い団結をみなぎらせていた」（田辺時男氏談）という。こうして、当時、国策の一環として押し寄せてきた四万十川電源開発への強烈な圧力に対して、故郷と生活を守り抜こうとする住民の並々ならぬ決意と団結が大型ダムの建設を阻止し、今日の清流四万十川を守る原動力となってきた。こうした激しい反対運動と水没面積があまりにも大きかったことが合わさって、行政がダム建設を断念するに至ったのである。

次に、三百を超える支流の中でも最大の梼原川は、本流よりも急流が多いため、かつて絶品を誇った〝津野山アユ〟やウナギの産地として有名で、専業の川漁師の手によって遠くは京阪神にも出荷され、生計を支える糧となっていた。同時に、住民にとって美味で貴重なタンパク源として利用され、住民に豊かな恵みをもたらしていた。ところが、一九四四年に津賀ダムが完成すると梼原川は一変した。ダムから本流の出合いに至る間は「水無し川」となり、ほとんど魚の棲めない不毛の支流域と化し、また洪水時の長期濁水や四万十川本流の汚れの原因ともなった。

## 津賀ダム撤去運動―漁民闘争と住民の連携

その津賀ダムの水利権が切れ、更新年である八九年が近づくと住民による清流復元の声が大きく高まってきた。八七年には地元大正町には「四万十川水と緑を考える町民会議」が発足し、ダム撤去を訴え、町の有権者の過半数の署名を集めた。さらにダム撤去運動においては、最上流の梼原町、東津野村から最下流の中村市までもが連携を深め、八八年には流域八市町村からなる「津賀ダム撤去を求める団体連絡協議会」が発足し、流域住民や漁民が一丸となって撤去運動は盛り上がった。

そのときの副会長に四万十川東部漁協の土居組合長が就き、漁民の代表が組織の中核を担った。そればかりでなく、生計の糧を得る漁民に加えて、釣りや網漁を楽しみ豊かな川の幸を享受したい多数の地元住民の運動が根底にあることから、自治体をも動かし、「清流四万十川ブーム」の中で一般住民も加わって運動が展開した。同時に、中村市で開催された水郷水都全国会議における議論を通じて川の環境保護へと住民の認識が高まり、自治体、住民間の連携が深まっていった。

漁民の論理は、一つは減水区の河原砂漠を解消し漁場として復活させること、もう一つはダム等によって汚染が進行してきた四万十川本流の清流を復活させることにあった。ダムによる汚染が広がる前の真に清流であった時代には、四万十川の漁法は火ぶり建て網漁の他に、箱メガネで見ながらアユを掛ける玉シャクリ漁が盛んに行われていた。それもダム排水の薄濁りのため視界が落ちてできなくなった。そればかりでなく、出水後、放水口からの濁りがすぐにはとれず、ダム湖にたまったヘドロが流されるため、深場やトロ場ではそれが石に堆積してアユの生息環境は著しく悪化した。ために、津賀ダム撤去運動には漁民が大きく関わり、また住民の多くもエビ捕りやアユ釣りなどを通じてその恵みに与り、川は村人の生活の一部となっていたことから住民全体の問題として認識された。さらに、流域の八つの自治体も参加し「流域は一つ」となって撤去運動が展開した。

しかし、当時はまだ行政側がダム見直しの段階に至っておらず、そこには「国策」と四国電力の既得権（水利権）という厚い壁があった。結局は、県議会のダムの維持を前提に改善を図るという決議もあって、連絡協議会は条件闘争に切り替えざるをえず、夏季に毎秒二トンの維持流量を流すことを条件に建設省は水利権の更新を認可した。

## 家地川ダム撤去運動の帰結

四国電力の水利権更新を目前に控え、二〇〇一年二月二五日、水が全く流れていない家地川ダム直下の川原には約一三〇〇人の漁民や流域住民が集まり、「家地川ダム撤去をめざす総決起大会」が開かれた。このダムの水は分水嶺を越え、落差を利用して発電のためだけの目的で建設されたものであり、海側の佐賀町伊与木川に入り、ほどなく太平洋に流れ込む。本来は、そこから

「家地川ダム撤去をめざす総決起集会」に願いをつなぐ住民（高知新聞社提供）

四万十川本流をさらに一二〇キロメートル下るのに対して、発電が終わった水は決して元の四万十川に戻ることはない。

この堤高わずか七メートルのダム（行政用語では堰堤）は、本流を寸断することにより、出水時を除いてかなりの距離にわたって水無し川を生み、生態系の面でも景観の面でも川を台無しにする。また、夏の減水期には広い川原と焼け付く太陽によって水温は上昇し、高温のためアユが弱り、中下流においてもアユ釣りもできないこともある。そのため、とくにダム直下の大正町においては四万十川はやせ細り、ごつごつした岩が露出し、本来の川の姿は完全に失われたままであった。

全国から川らしい川が消えた中で「日本最後の清流」といわれる四万十だから、それにふさわしい豊かな自然を取り戻したいという願いは集会に集まった人々に共通したものであった。スローガンにかかげられた「ダムのない四万十川を二一世紀の子供たちに引き継ごう」、「よみがえれ四万十、母なる川をわれらの手に」という切なる願いには、漁民と住民がかつての四万十の豊かな恵みを取り戻したいという思いがこめられたものであった。漁協や流域自治体が主催し、急遽開かれたダム撤去をめざす総決起集会であったが、多くの住民の参加をえて集会は盛り上がった。

だが、翌三月に国土交通省は、県の要望に沿った内容で、四国電力に水利権の更新を許可した。結局、ダム撤去の願いはかなえられなかったが、更新に当たっての新基準は環境改善に向けてかなり前進したものとなった。まず、ダムからの水の放流量はこれまで三月から一〇月までの間毎秒一トンの魚道放流だけであったが、それが図2-2のように変わった。

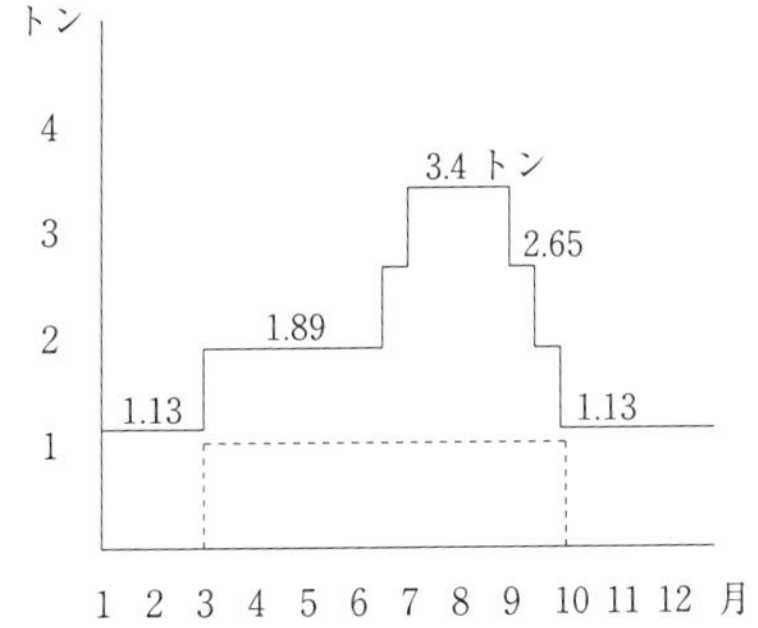

注）破線は旧基準（3 月～10 月毎秒 1 トン放流）

図 2-2　家地川ダムからの放流量の新基準
（2001 年 4 月 1 日以降）

七、八月の毎秒三・四トンの最大放流量は、夏場の観光シーズン対策と高水温対策としてアユの生息環境改善に配慮したものであろう。しかしながら、とくに春先の溯上期と一〇月頃の落ちアユ期の放流量の少なさは否めない。これまで落ちアユはダムからの導水路を下って、無惨にも発電所のタービンで切り刻まれ伊与木川にはき出されてきただけに、無事本流を下り産卵まで全うできる水量の確保が望まれる。また、許可期間はこれまでの三〇年から一〇年に短縮され、次の更新期二〇一一年にダム撤去問題は先送りされた。そして、今後一〇年間で流域住民と自治体、県、四国電力の関係において、環境、水資源、エネルギーを課題として再び運動と協議が交わされることとなった。

## 家地川ダム撤去運動の経緯

ダム撤去か継続かの決定に大きな影響力をもったのは橋本大二郎高知県知事と議会であった。当然、エネルギーの問題や流域を中心とした世論がベースにあるが、ダム撤去運動では、流域の住民や自治体がいかに「流域は一つ」となって対抗力を形成するかに成否はかかっている。この問題は、電力資本対漁民・住民という対立の構図が描けるが、電力側にはエネルギーの地域への供給という建前があり、撤去運動側には住民のニーズに加えて環境の時代、日本の川らしい川の保全という社会のニーズがある。さらに、水利権の許可は国が握っており、近年見直し過程にある国の河川政策及びエネルギー政策のもとで許可に際しては県の意向も大きく左右する。このように決定プロセスにおいては最終的には政治の場にゆだねられるのである。

それだけに、運動側がいかに大きな力を終結できるか、「流域は一つ」になれるかどうかが、重要な鍵を握る。以下に、家地川ダム撤去運動の流れをみておこう。

表に示すように、ダム撤去運動に最初に動いたのは漁協である。川漁師や川漁に親しんできた

表2-3　家地川ダム撤去に向けての漁民，住民運動の経緯

| 年 | 月 | 主　体 | 概　　略 |
|---|---|---|---|
| **漁連・漁民による運動** | | | |
| 1990年頃 | | 四万十川漁業協同組合連合会 | 立て看板「こんどこそ家地川ダムを撤去しよう」を設置 |
| 1998 | 5 | 四万十川漁業協同組合連合会 | ダムから下流の四漁協の連合体，ダム撤去運動を進める決議 |
| 1999 | 1 | 四万十川漁業協同組合連合会 | ダム撤去に向けての署名運動を開始する |
| | 9 | 県内水面漁連，四万十川漁連 | 「21世紀の四万十川を考える会」発足，川環境の意見交換 |
| | 12 | 同上 | 「考える会」シンポ・70年前の四万十川の復活をめざして |
| | 12 | 四万十川漁業協同組合連合会 | ダム撤去の署名7,837人分を建設省と四国電力に提出 |
| 2000 | 2 | 四万十川上流淡水漁協 | ダム上流域の漁協としてダム撤去の決議 |
| | 3 | 県内水面漁連・流域7市町村 | 「よみがえれ四万十シンポジウム」筑紫哲也，天野礼子，宇井純「20世紀と川」,「世界の河川政策の潮流」等 |
| **自治体・住民組織による運動** | | | |
| 1998 | 6 | 大正町議会 | 四万十川ダム対策調査特別委員会を設置 |
| 1999 | 1 | 大正町・住民アンケート | 「ダム撤去」に町民の90%が賛成 |
| | 10 | 大正町，十和村，西土佐村 | 「北幡地区家地川ダム対策協議会」を発足，実態調査開始 |
| | 12 | 大正町民 | 「家地川ダムをなくする町民会議」を大正町の区長で組織 |
| 2000 | 1 | 家地川ダムをなくする町民会議 | 大正町民（36集落）を対象にダム撤去の署名運動を開始 |
| | 2 | 西土佐村・住民アンケート | 「川にダムの影響あった」76%,「現状ではいけない」90% |
| | 2 | 大正町・町民会議 | 「清流四万十川水と緑のシンポジウム」を開催 |
| | 2 | 北幡地区ダム対策協議会 | 大正町，十和村，西土佐村が議会でダム撤去の方針確認 |
| | 2 | 十和村議会 | 家地川ダム撤去の決議「ダムは川の機能に致命的打撃」 |
| | 3 | 大正町議会 | 家地川ダム撤去の決議「清流の名にふさわしい本来の姿に」 |
| | 4,5 | 十和村，大正町 | 両町村，橋本高知県知事にダム撤去の要請を行う |
| | | 大正町住民組織 | 「家地川ダムをなくする町民会議」2,000人署名を知事に提出 |
| | 5 | 西土佐村議会 | ダム撤去の決議「四万十川本来の姿復元には撤去しかない」 |
| | 6 | 東津野村，大野見村議会 | ダム撤去の決議「母なる川にふさわしいものによみがえらす」 |
| | 6 | 家地川ダム撤去対策協議会 | 流域5町村，建設省，通産省にダム撤去要望書を提出 |
| | 6 | 四万十川総合保全機構 | 流域8市町村，「ダム撤去」と「条件付き存続」を併記 |
| | 8 | 窪川高校社会問題研究部 | 橋本大二郎県知事と家地川ダムをめぐる「語る会」を開催 |
| | 12 | 窪川高校社会問題研究部 | 四万十川と21世紀を考えるシンポ，橋本知事，筑紫哲也 |
| 2001 | 2 | 佐賀取水堰検討委員会 | 県設置・学識経験者等，存・廃併記の最終見解報告 |
| | 2 | 流域5町村，内水面漁連 | 「家地川ダム撤去を目指す総決起大会」を開催，1,300人 |
| | 3 | （国土交通省・四国電力） | 水利権の更新，放流量増加，更新期間の短縮等，一定の前進 |
| | 6 | 家地川ダムをなくする町民会議 | 大正町の住民組織は総会で，ダム撤去運動の継続を確認 |
| | 6 | 窪川高校社会問題研究部 | 更新後の窪川町民アンケートで過半数がダム撤去へ向け努力 |

出所）高知新聞，朝日新聞等

漁民の組織である漁業協同組合は、かつての津賀ダム撤去運動が実らなかったことの無念さをバネに、早々に「美しい水と川を取り戻そう、今度こそ家地川ダムを撤去しよう」と書かれた立て看板を流域の要所要所に設置し、アピールを進めていった。そして、本格的には九八年五月に四万十川漁業協同組合（組合員約一七〇〇名）がダム撤去を進める決議を行ったことから始まり、関係機関に働きかけるとともに、その翌年早々から撤去のための署名運動も開始した。

九九年秋には県内水面漁業協同組合連合会と四万十川漁連が、中央の識者を講師やパネリストに招いて共同でシンポジウムを開催し、外から見た四万十川の位置づけとその価値の認識あるいは環境保護の世界的潮流のもとでの河川行政のあり方などを住民とともに学び、共通認識を深めた。

漁民の運動に約一年遅れて、流域の住民と自治体が運動を開始する。最初に動き出したのは、減水被害を受け続けてきたダム直下の大正町である。大正町は九九年一月にアンケートを実施したところ住民の九〇％までもが「ダム撤去」に賛成する回答がえられ、さらにすべての集落を代表する区長三六人で「家地川ダムをなくする町民会議」を組織し、署名活動を開始した。これを契機に大正町は住民ぐるみの運動を展開することとなった。

また、大正町に隣接する下流の十和村、西土佐村の三町村からなる「北幡地区家地川ダム対策協議会」も連携して、住民意識に関する実態調査をそれぞれアンケートや聞き取りの形で実施した。とくに、村の古老の語る、夜手づかみでアユが捕れるほどに豊かだった四万十川の恵みの話は、河川環境の悪化によって不漁の年が続き危機感をつのらせている今日、元の川に戻したいという願いにつながった。また、豊かな水量とさらに情緒のあった昔の川の姿の話も合わさって、今日のやせ細った川から「四万十川本来の川」「母なる川にふさわしい元の自然の川」に蘇らせる運動に発展していった。

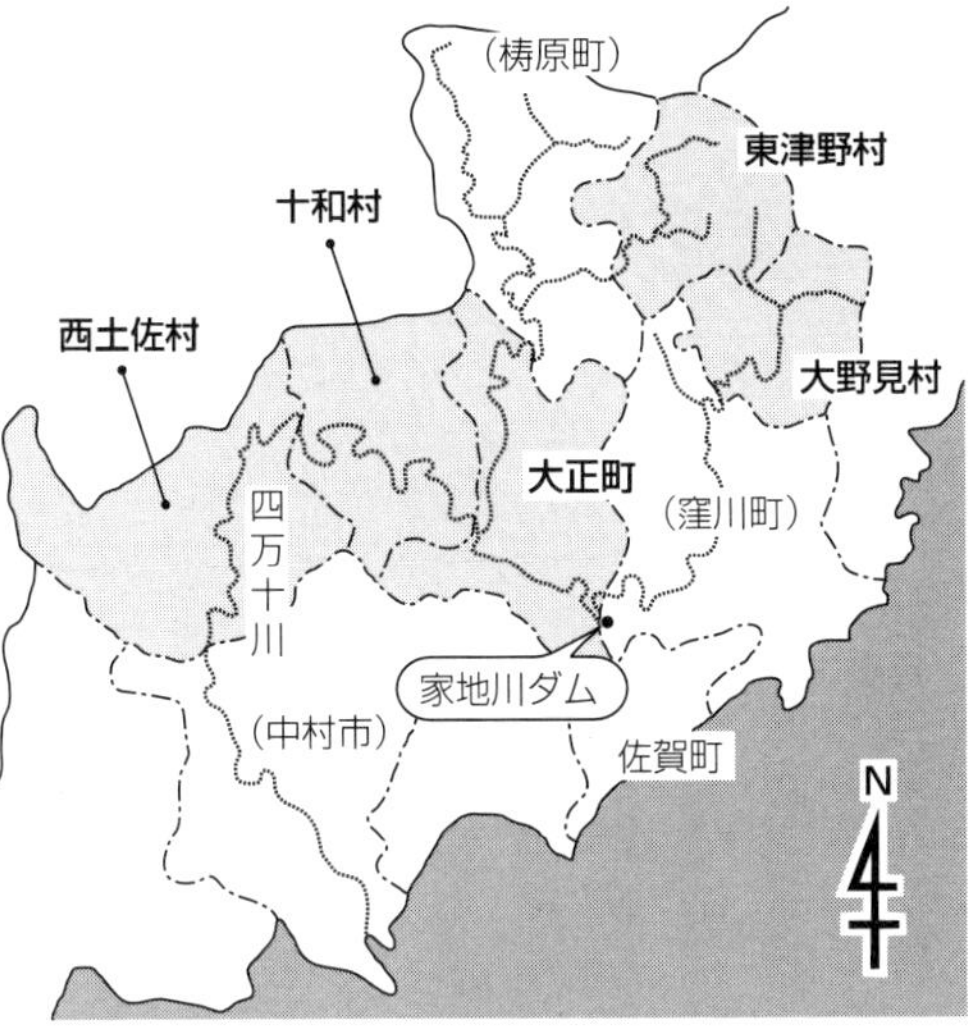

図 2-3　家地川ダム撤去を決議した５町村

ダム下流の北幡地区三町村は、二〇〇〇年二月に十和村、三月に大正町、そして五月に西土佐村が、それぞれの議会においてダム撤去の決議を全会一致で可決している。ダム下流の三町村に加えて、アユの天然溯上が阻まれてきた上流の大野見村と東津野村も同年六月の議会でダム撤去の決議を行った。

漁連はもちろんであるが、こうして流域八市町村のうち五町村がダム撤去の決議を行ったのに対して、本流から外れる梼原町を除くと、ダムのある窪川町と最下流の中村市が「条件付き存続」に回り、さらに、流域八市町村によって構成される「四万十川総合保全機構」は撤去と存続の両論併記となり、結局流域は一つにならなかった。そして、この時期を境に五町村を中心にそれまで盛り上がってきた流域自治体と漁民・住民によるダム撤去運動は少しずつ萎えていく。

最終的に条件付き存続に回ったが、その動向が注目された所在地の窪川町の動きは鈍かった。これは、一つには立地的に街が川辺から離れ、さらに集落が海辺にまで広がり、四万十川と住民との関わりが五町村より薄く関心が低かったこと、それに窪川町に隣接し、ダムからの豊かな水が流れる佐賀町（水源に利用するためダム撤去反対）との付き合いがあるといったことが理由としてあげられる。加えて、一九八一年に町長リコールにまで展開した窪川原発計画反対運動の過程でリコールに賛成者五二％、反対者四八％と住民が真っ二つに割れ、しこりがしばらく尾を引き、その時の二の舞を避けたいという心理が働いたことも住民運動を逡巡させた。そして、町にとってダムからの約三千万円の固定資産税は捨てがたい財源であるがゆえに、議会での議論も撤去と存続が半々に分かれ、結局は条件付き存続に落ち着いてしまった。

## 一石を投じた若者（高校生）の参加

そんな中で窪川高校社会問題研究部員の活動は、関心が低く動きの鈍い大人の思惑に一石を投じた。女子を中心とする部員八人の生徒は大正町の「町民会議」を初めとする聞き取り調査を行った後、二〇〇〇年四月には、ダムに関する住民アンケート調査を実施した。その結果は、

「ダム撤去」一三%、「ダム存続」一四%で、残りはどちらとも言えない未決定で、住民の関心の薄さを示すものであった。直接被害を受けている大正町では「ダム撤去」との回答が九九年時点ですでに九〇%に達したのとは大違いであった。

高校生は次に、行政や地域の意見を集約して、管轄大臣に意見を具申する立場にある橋本大二郎高知県知事に考えを聞き意見交換をしたいという旨のメールを送った。それに応えて、議会あけの八月初旬に「家地川を眺めながら四万十川を語る会」が開かれ、知事は「四万十の価値は、上流から最下流に至るまで、周囲に川を利用しながら生業が営まれるなど人の暮らしと自然が融和して美しい点だ」と語り、バイオマスエネルギー、風力発電など代替エネルギーが開発されれば将来ダム撤去もありうると述べた。最後に生徒は「四万十川は県の豊かな自然を象徴する存在であり、ほかの河川とは違った存在。ダム直下の減水区の汚れはひどく、県外からの見物客を失望させ、観光資源としての価値を失ってしまう。県独自の発想や施策で四万十川の保全に当たるべきだと思う」という「橋本知事への提言」を行った。(4)

さらに、一二月には窪川高校社研部は「四万十川と二一世紀を考えるシンポジウム」を主催し、高校生と橋本知事の他にニュースキャスターの筑紫哲也、アウトドアライターの天野礼子の出席をえて、報告と討論が行われた。その中で知事は「来年四月の更新期を境に撤去は無理だが、更新期間は従前の三〇年間から将来的には長くても一〇年ごとのスパンで考えたい。撤去か存続かの選択であれば私も個人的には四万十本流にダムはふさわしくないと思うし、撤去を主張するだろう。そのためにどうすればいいかを考える期間としての一〇年と思う」と述べ、ダムから放流する河川維持流量については、建設省のガイドラインの放流量よりは大幅に増やすと述べた。(5)

水利権更新が行われた四月以降も社研部は活動を継続し、窪川町民を対象にアンケート調査を実施した。五〇二人の回答者のうち「ダムが撤去されるために何らかの努力をしたい」と回答したものが五一％で、「ダムはあった方が良いので努力する必要はない」と回答した者二〇％を大きく上回った。これは大正町のように大半の住民がダム撤去を切望しているのに比べればまだまだ低いが、一年前の窪川町民の意識に比べればかなり前進しており、高校生の活動が少しずつ住民の関心を引き出してきたといってよい。

環境保護や再生に向けては、直接被害を受ける漁民と住民の運動への参加は対抗力を形成するが、それに加えて、直接の当事者ではないけれども、地域で起きている環境問題をわがこととしてとらえ、理解に努め行動する高校生、若者が出てきたことは大きな前進であろう。

## 継続するダム撤去運動

大正町の住民組織「家地川ダムをなくする会」は、二〇〇一年六月の総会で、ダム撤去に至らなかった要因として流域八市町村の足並みがそろわなかったこと、撤去運動が草の根的な住民運動に広がらなかったことにあると総括し、今後のダム撤去運動の継続を決めた。漁連も同様で、すでに次へのスタートを切ったといってよい。なお、運動の過程では漁協、漁連と一般住民との間に、「川は誰のものか」をめぐって一定の確執があったともいわれ、このことが、最も草の根的に活動した大正町の住民組織をして「草の根的な住民運動に広がらなかった」と総括せしめる要因であったのかもしれない。そういう意味では両者の幅広い連携が次の更新期の成否を分けるといえよう。

八〇年代の津賀ダム撤去運動の時代からいえば、二一世紀の今日では「環境の時代」に世論は傾斜し、人と自然のつきあい方、共生のあり方もかなり変化をしてきた。河川行政においても、それまでは治水・利水のみの視点に立ち、ダムやコンクリート護岸、テトラポットの制水工など、川の自然を著しく破壊し、人を川から遠ざける工法が採用されてきたが、九〇年代半ば頃からは川の生態系や人々が身近に接することができるように配慮した「近自然工法」を採り入れたり、計画段階のダムの見直しを行うなど行政対応も一定の変化をたどってきている。

第一章で述べたように九〇年以前と以降とでは、河川環境とダムをめぐっての考え方、価値観はかなり大きく変わってきた。運動も建設反対だけでなく四万十川でみたように撤去運動もでてきた。今日、欧米各国では環境保護上重要な河川のダムは撤去することが当たり前のようになってきている。二〇世紀における資源確保のために破壊され続けてきた川の自然であるが、今や環境面で「特別な河川」については、国の政策としてダム撤去を含めて保護を優先すべき段階に至っているといってよい。四万十川は国レベルにおいて傑出した（残された）河川であり、あるいは世界的にも名河川の一つであることは疑いの余地がない。

現実に、四万十川は百万人の人々が訪れる国民共通の財産となったことからも明らかなように、下流域の景観や日本一といわれる魚種の豊富さなど、その環境的価値は大きく評価されている。四万十川が中上流域もダムで寸断されることなく、一本の流れで結ばれると、どれほど素晴らしくその価値は高まるであろうか。さらに、家地川ダムは正式には堰堤といわれるように堤高はわずか七メートルで、撤去自体は容易に行える形態のものである。

次の水利権更新期に向けて、漁民・住民を主体に流域は一つとなることを基本として、同時に国民的運動と連携しながら、日本の貴重な自然財産としてダムのない川を実現し、本来の四万十川を取り戻したいものである。

## 「緑のダム」整備に目を向ける

八八年の水郷水都全国会議において、多くの住民が指摘する四万十川の水量の減少は、流域の山々が人工林（ヒノキ・スギ）に覆われ、その手入れが行われていないことにある、というものであった。豊かな森林は豊かな水をもたらす源の筈が、手入れ不足によってそうなっていないといわれる。このことは、九〇年代のダム撤去運動の中でもことあるごとに指摘され、また、流域保全機構や橋本県知事ならびに県行政も流域の「緑のダム」・森林整備の重要性に目を向けてきた。

高度成長期以前の四万十川流域の森林は、広葉樹からなる雑木林が多く、木炭生産の一大産地であった。コナラが比較的多いことからシイタケ原木用にあるいは広葉樹やマツが紙パルプの原料用チップに切り出されていた。また、山の一部は採草地として残されたり、和紙原料用にミツマタやコウゾの栽培も行われていた。そして、約二〇％の人工林では建築用材生産が行われるなど、多様で活発な山の利用のもとに人々が山と森に深く関わって生活を営んでいた。このように山の利用が多様な形で行われていたため、山は木々が比較的若い広葉樹を中心としたいわばモザイクの状態にあった。

四万十川沿いの森は広葉樹と人工林が入り交じる（十和村三島にて）

これが、高度成長期を経た後は、近代化の過程で多くの利用形態がなくなり、山の利用は当時価格が高かった建築用木材生産のための植林一色となった。ヒノキ、スギの植林が活発に行われた結果、四万十川流域の山は人工林が六〇～七〇％を占めるようになり、モノカルチュア的な森林が増加した。四万十の本流沿いはまだ広葉樹も比較的多く植林と入り交じった様相を示すが、支流や源流地帯に入るほど植林が増える傾向にある。この流域に限ったことではないが、成長の旺盛な樹種が選ばれたため、植林木はどんどん大きくなってきた。ところが、七〇年代後半、そして八〇年代、さらに九〇年代後半とグローバル化の進行とともに林業の構造不況は段階的に深まるばかりで、山村の過疎・高齢化とあいまって、農林家は山の手入れを行いたくてもできない状況にいたっているのである。

手入れ不足の植林地の荒廃が緑のダム機能を損ねるのは、スポンジのように水を貯める腐葉土層が失われることと、植林木の生長が旺盛で大きくなる過程で水を消費し、蒸発してしまう量も多くなるからである。それゆえ、間伐によって間引く作業がたびたび必要になる。その作業を実行して上層の大きな木を減らし、下層の小さな灌木をふやすことによって、立体的にモザイクの森に近づける必要がある。

そのような視点から、四万十川源流域の梼原町、東津野村では、とくに前者は近年環境保全型林業に向けて積極的な取り組みを行い始めた。次節では、梼原町を中心に森林整備の取り組みを見ていこう。

# 第二節　源流域梼原町における森林整備

## 1　「木の里」から「環境の里」づくりへ

### 梼原町の林業への取り組み

梼原《ゆすはら》町は、四万十川源流域に位置し、半分は愛媛県境と接する奥地山村である。面積二万三六五一ヘクタールのうち九一％を森林が占め、スギを中心とする人工林率も七五％に達する。耕地はわずか一・五％にすぎないことから、山の活用のあり方が村の盛衰を左右する地域である。人口は高度成長期以前には約一万人であったが、二〇〇〇年には四六二二人に減少するとともに、高齢化率は三四・一％で三人に一人は六五歳以上の高齢者が占めるという状況にある。

山林利用としては、一九五〇年代後半にそれまで村の経済を支えていたミツマタ生産と木炭生産が崩壊してからは、集落単位に農民の話し合いによって栗などの新たな商品作物を導入し、一方では農林家の手によってスギの植林が大規模に進められた。梼原町は、その植林の結果つくられてきた典型的な戦後の新興林業地である。そして、林業地として形成される過程においては、積極的な政策対応がとられてきたところに特徴が見いだされる。それも構造不況下で他地域が次第に林業をあきらめ始める一九八〇年頃から、町と森林組合が連携をとりながら本格的な取り組みを行い始めた。

まず第一に、町は林道・作業道建設という林業生産の基盤整備を進め、その一方では、八五年の町の地域振興計画「森と水の文化圏構想」において「木の里づくり運動」をかかげて、町の地域発展戦略として林業振興をその基軸に置いたのである。

第二に、林業事業推進の担い手として森林組合が中心的役割を果たしてきた。森林総合整備事業、間伐促進総合対策事業などの国の政策事業を積極的に導入して保育間伐、そして収入間伐を推し進めた。ちなみに、八〇年代から九〇年代前半にかけて、梼原町の要間伐面積に対する年間実施面積比率は一七％に達した。これは、高知県平均の実施面積比率七％を大きく上回る。また、九〇年世界農林業センサスで間伐の実施林家率をみると、全国平均の一三％、高知県平均の一八％に対して梼原町は三六％と際だって高いことが分かる。

第三に、自営生産林家（自伐林家）が育成されてきたことがあげられる。それまで個別林家による間伐生産はほとんど行われていなかったのに対して、町単独の間伐材出荷奨励金制度（八一年、出荷材に対し一立方メートル当たり一〇〇〇円の補助制度）と森林組合による間伐材の道端集荷体制の整備によって、八〇年代半ばから農林家の間伐材出荷量は増加傾向をたどり、八〇年には六三〇立方メートルにすぎなかったものが、八五年四四二五立方メートル、そして九〇年には七二三八（九二年一万）立方メートルに達した。

このように、八〇年代には町と森林組合が車の両輪となって、生産基盤の整備と間伐材生産の

表2-4　梼原町における「森林認証」に至るまでの林業の変遷

| | |
|---|---|
| 第1期　植林の時代<br>（1950年～70年代） | 採草地や薪炭林への農林家によるスギの植林<br>人工林率（1950年20%→1980年75%） |
| 第2期　保育間伐と生産基盤の整備<br>（1980年～1990年） | 町による作業道の整備，森林組合による生産体制の整備<br>間伐の活発化・自営生産林家の育成<br>85年の町振興計画に「木の里づくり」を掲げる |
| 第3期　収入間伐・組織化新主体形成の促進<br>（1990年代） | 「シーダーゆすはら」等地域林業システムの形成と地域内連携<br>「ゆうりん」，「ユースフォレスター」等担い手の育成<br>芹川国有林と森林施業協定の締結・「ふれあいの森づくり」開始 |
| 第4期　「環境の時代」・多様化への対応<br>（1990年代末～2000年代） | 「FSCの認証」の取得と環境意識の向上，森林組合環境行動計画<br>「山中八策」の策定，町「梼原町森林づくり基本条例」の制定<br>2001年町振興計画に「環境の里づくり」を掲げる |

組織的対応がとられ、地域林業の形成に向けて大きく前進した。さらに九〇年代に入ると地域内連携による林業システムが形成され、九〇年代末にはＦＳＣの認証取得に向けて、地域内合意形成と地域外との連携という新たな段階を迎えることとなった。これらの梼原町の林業の展開過程は表のようにまとめられよう。

### 地域内連携と「環境の時代」への対応

九〇年代の梼原の林業は地域内連携・組織化が急速に展開する。とくに、九二年に梼原町林業振興協議会「シーダーゆすはら」の結成によって、それまでの町と森林組合の連携段階から、農林家の他に素材生産業者・製材業者の組織である「維森」、林産企業組合「ゆうりん」なども加わり、かつては取引をめぐってややもすれば対立関係も見られた各主体が、協議会を通じて協力・共同という連携関係に次第に発展していくようになった。

すなわち、図2－4に示しているように、依然として

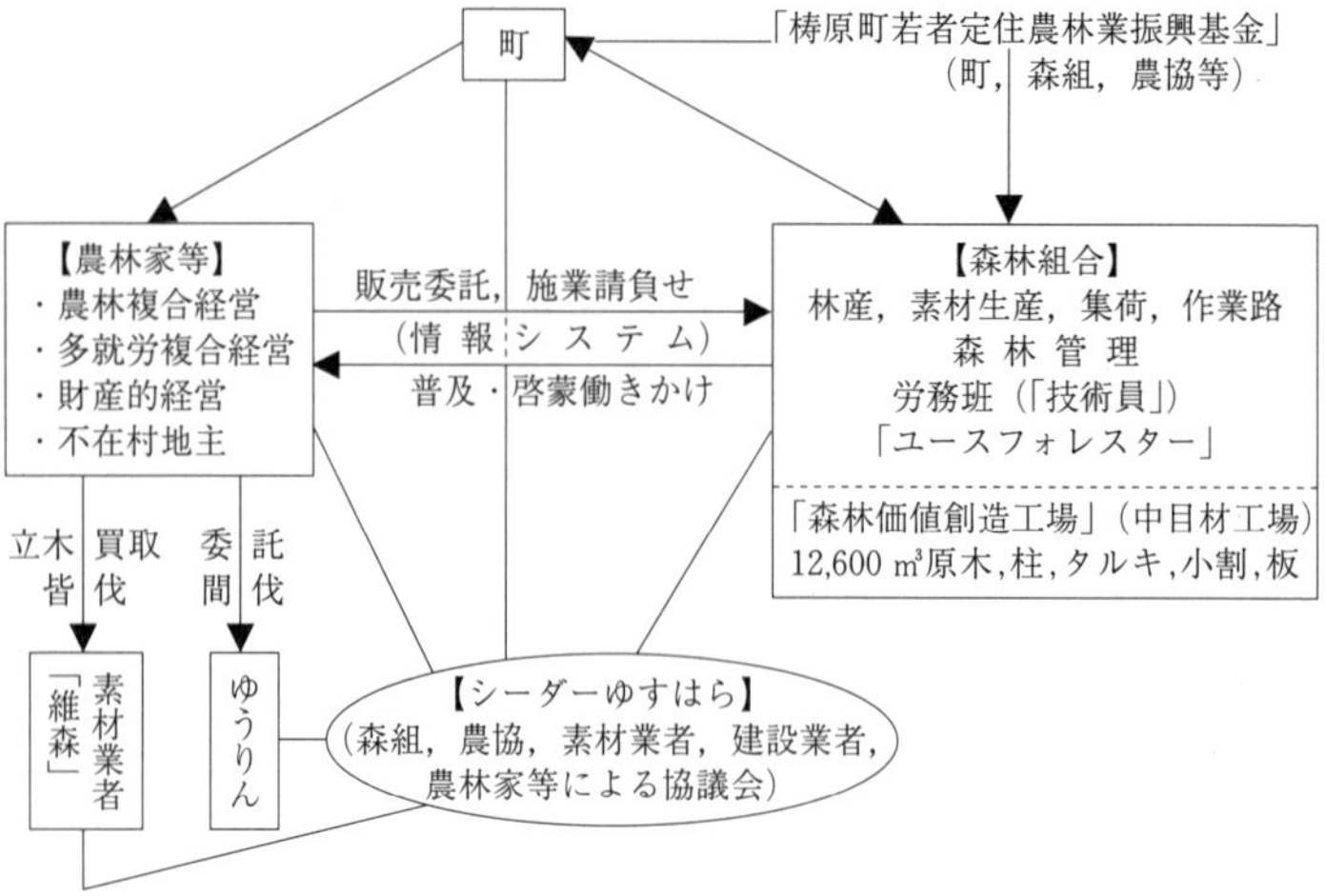


出所）栗栖祐子・依光良三「新興林業における組織化と担い手再編」林業経済研究 Vol.44，No.1，1998年.

図 2-4　梼原町における住民参加型林業システム

町・森林組合が牽引的役割をはたすものの、町内の林業関連主体が「シーダーゆすはら」のもとに結集して、それぞれの役割分担が明確化され、しっかりした連携関係が築かれたのである。

「シーダーゆすはら」では、業者を含む林業の調整、たとえば、村内の体育館、観光交流施設、町営住宅、木橋など公共施設建設には町内の木を使うことを原則として、森林組合を含む業者間の提供割り振りを行ったり、総会の折にはシンポジウム等を開催し、学習するとともに、町民も意見発表するという形で知識や認識をたかめるという機能も、協議会は果たしているのである。なお、シンポジウムの内容については、九七年は「儲かる林業研究大会」、九八年は「林業・森林の価値、再発見」などであり、一五〇〜二〇〇人の町民が参加し、一部はパネラーとして、あるいは会場からの意見交換を行うなど熱心な住民参加の会がもたれた。そして九九年の「森林認証制度の勉強会」以降は、森林環境や水源税に関するテーマのもとに開催されている。

このようにして、シーダーゆすはらの総会シンポジウム内容をみても、九〇年代末にそれまでの効率重視の林業中心から、多様性を重んじた環境保全型林業への大きな転換があったことがわかる。

また、四万十川の源流域であると同時に、梼原町民の主たる水道水源域となっているのが、芹川国有林である。この国有林を対象に町と四国森林管理局は全国初の「森林施業協定」を九七年に結んだ。間伐を積極的に進めるとともに帯状皆伐の跡地にケヤキやコナラ、トチなどの広葉樹の植林を開始した。ここでは「芹川地区四万十源流ふれあいの森林づくり事業」を進め、今後一〇年間で一〇〇ヘクタールの広葉樹を植栽し、一部は都市の人々が「森林ボランティア」として植林を行う交流の場ともなっている。

梼原町はこれまでのスギ、ヒノキ一辺倒のモノカルチュア的な森づくりからモザイクの森づくりへと転換を図りつつあるといってよい。芹川国有林は水の視点から、平面的にも立体的にも広葉樹を育成し、モザイクの森づくりのスタートを切った象徴的なところである。また、交流施設がある「雲の上」地区も景観視点からモザイクの森づくりが進められている。これは、かつて「植えられるところはすべてスギやヒノキを植えた」といわれる梼原町にとって大きな変化である。

そして、梼原町が環境保全型林業への取り組みをいっそう強めたのは、ＦＳＣの森林認証を取得することとなってからである。梼原町は、森林組合を森林管理者としてＦＳＣのグループ認証を取得した最初のケースとして知られている。次項では、認証取得に至る経緯と取得後の動向を追うことによって、その意義と課題についてふれておこう。

## 2　森林認証（ＦＳＣ）への取り組み

### ＦＳＣ認証の取り組みの経緯

梼原町のＦＳＣ取得への取り組みは、一九九八年一一月と一二月に高知県が主催した「森林認証制度に関する勉強会」に出席したことをきっかけに始まった。「木の文化県構想」を進める高知県は、その一環として九八年から森林認証制度に関する取り組みを始める。そして、九九年に四万十川流域の森林を対象とした「森林認証制度普及定着事業」を立ち上げ、関係市町村のＦＳＣの認証取得を普及支援するため「勉強会」を開催した。

「勉強会」に参加した梼原町森林組合の中越組合長は、この制度に関心をもち、世界的に認知されているＦＳＣ認証と、全国的となった「四万十川」を活かした梼原材のブランド化を町の生き残り策として模索し始めた。長年にわたり積極的な林業振興に取り組んできた梼原町ではあるが、九〇年代末にはその努力が相殺されてしまうほどの大幅な木材価格の下落と深刻な林業不況を前に「このままでは梼原町の林業は生き残れない。五年先、一〇年先を見越して新しい方策が

（注）

FSC（Forest Stuwardship Council：
　　森林管理協議会）と森林認証の概略

① 組織～1993 年設立のメキシコに本部を置く民間組織．世界的環境保護団体である WWF をはじめとする NGO，林業・木材業者，社会・先住民組織など 25 カ国，130 組織で発足，2001 年 6 月時点で 57 カ国，488 組織に拡大．加入組織は，カナダの 129 を筆頭に北米とヨーロッパ諸国が多い．

② 目的と森林認証面積～国際的で信用のおけるラベリング機構を設け，環境保全の観点から適切で社会的利益にかない，経済的にも持続可能な森林管理を推進することにある．世界の森林認証面積は，2001 年 5 月時点で 2370 万ヘクタールである．

③ ラベリング～FSC の基準・指標に照らして，環境に配慮した持続可能な経営・管理が行われていると認証された森林から生産される林産物には「環境に優しい製品」を意味する FSC のロゴマークを付して流通する．とくにイギリスなどヨーロッパではグリーン・コンシューマーといわれる消費者の運動と結びついて盛んになっている．

④ 環境基準と管理～景観への配慮，生物多様性の維持，希少種・絶滅危惧種の保護，自然保護区の確立．水資源の保全，土壌浸食の防止，伐採時の損傷・被害を最小限に抑制．きちんとした管理目的と計画，資源調査による管理システムと伐採，植林計画，森林の動態に関するモニタリング，環境評価に基づく保護，絶滅危惧種等の保護計画，ゾーニング地図等．

必要である」という危機意識を組合長は常に抱いていた。以降、森林組合が中心となって町と連携をとりながら、ＦＳＣについての検討を始め、九九年初頭より具体的な取り組みを開始した。それらの経過は表２－５に示す通りである。

まず、九九年五月にはＦＳＣの米国の認証機関スマートウッド社の審査員を梼原町に招き、フィールド調査や模擬審査等を三日間にわたって実施した。この「現地研修会」では梼原町の森林施業や管理方法に関して「環境に対する評価方法等について改善する必要がある」等いくつかの指摘を審査員から受けた。これらの指摘事項の改善は可能であり、とくに林家台帳を整備しているため、必要な資料は作成できることから、森林組合や町等の関係者の間には「ＦＳＣ認証の取得が可能なのではないか」という雰囲気が広がったという。そして、その後、ＦＳＣ認証の取得に向けた梼原町の取り組みが本格化していった。

表 2-5　梼原町における FSC 取組の主な流れ

| | | |
|---|---|---|
| 1998・11 | 県主催森林認証勉強会 | 講師：林野庁 |
| 12 | 同　上 | 英国認証機関 |
| 1999・2 | 森組・町主催の勉強会 | WWF 前澤氏 |
| 5 | 森林認証現地勉強会 | スマートウッド |
| 7 | 集落廻り，林家の認証への参加呼びかけ | |
| 8～12 | （県・町・森組，そして日林協との度重なる打ち合わせ及び「環境委員会」の開催） | |
| 12 | **森林認証申請書の発送** | |
| 2000・1 | 「環境委員会」の開催 | |
| 2 | 同　上 | |
| 5 | **スマートウッドによる認証審査会** | |
| 10 | **FSC 認証取得** | |
| 2001・1 | 認証商品の発売開始 | |
| 5 | 認証森林拡大のための集落説明会 | |

## 参加にとまどう林家

中小規模の多い私有林を含めたグループ認証であるため、ＦＳＣについて林家の理解を深め、より多くの林家がＦＳＣ認証に参加できるように森林組合は町と協力しながらＦＳＣに関する情報を町の広報に掲載し、「シーダーゆすはら」の総会等、林家が集まる会合ではＦＳＣの説明や学習会を積極的に行った。しかし、説明を始めてしばらくの間は、ＦＳＣがどういった制度なのか理解が難しく、「認証を受けた森林では立入禁止や禁伐など様々な規制を受けるのではないのか」といった警戒心や「ＦＳＣ認証を受けてどんなメリットがあるのか」という疑問を抱く林家が圧倒的に多かった。

その後、説明や学習会を重ねることでＦＳＣの認知度は徐々に高まっていった。しかしそれでもなお、積極的にＦＳＣ認証を希望する林家は少なく、「認証には反対ではないが、今は周りの動向を見極めてから」という「模様眺め」の林家が一般的だった。そのため、森林組合では「少

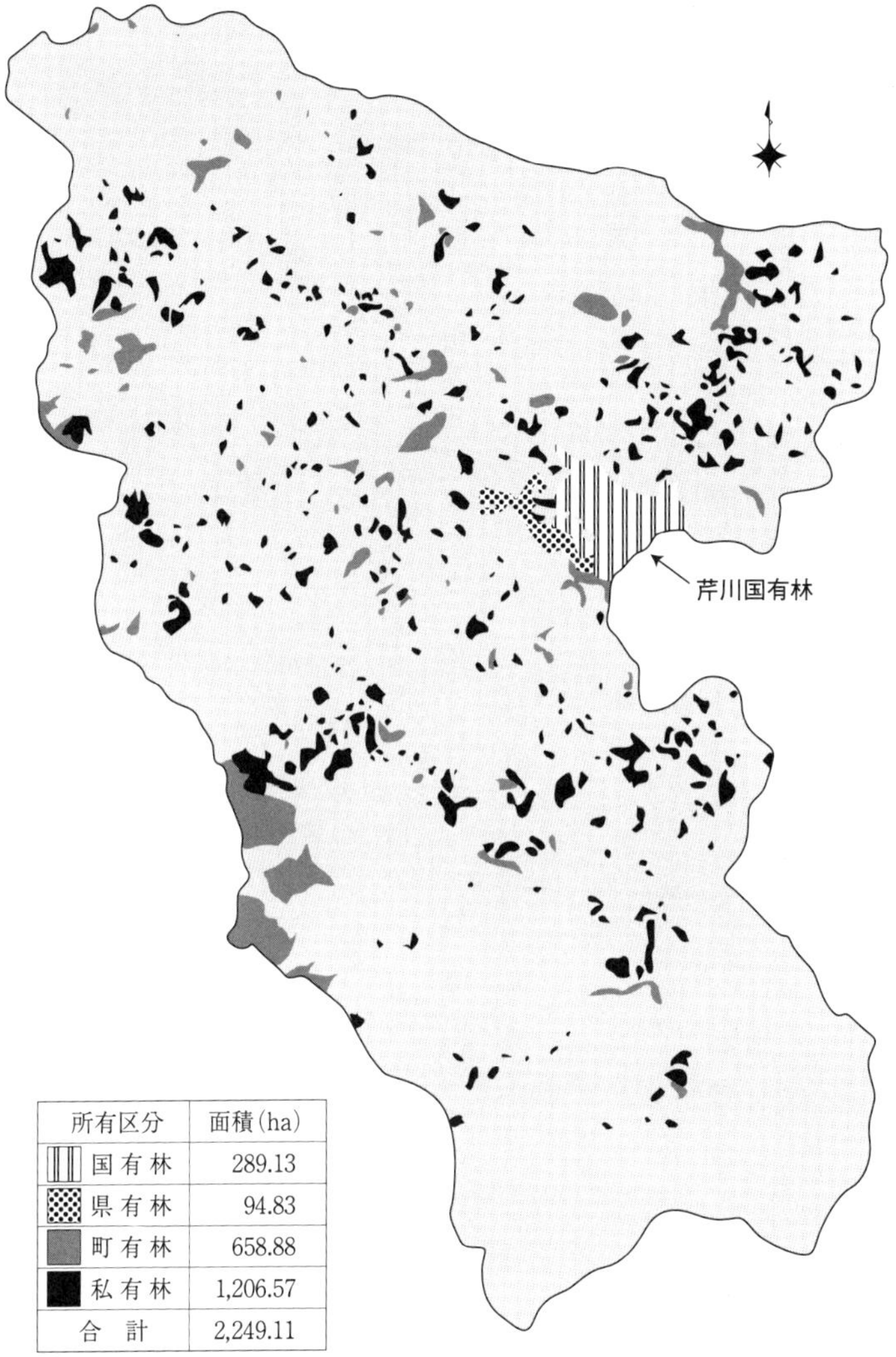

芹川国有林

| 所有区分 | 面積(ha) |
|---|---|
| 国有林 | 289.13 |
| 県有林 | 94.83 |
| 町有林 | 658.88 |
| 私有林 | 1,206.57 |
| 合計 | 2,249.11 |

図 2-5　梼原町における認証森林分布図（2000 年 10 月時点）

しでも現実的な取り組みを進めよう」と比較的協力的な林家に重点を置き、FSC認証への参加を呼びかけた。そして、認証申請を希望する林家を募った九九年七月には、町と森林組合の職員が手分けして、町内の林家を個別に訪問しながら、FSCへの参加者を集めた。その結果は図に示す通りである。九三名の林家（一二〇六ヘクタール）と町有林、県有林、そして施業協定を結んでいる芹川地区の国有林（二八九ヘクタール）が加わり、合計二二五〇ヘクタールの森林について「森林管理認証」を申請することとなった。

また、製品にFSCのロゴマークを付けることができる認証工場として、森林組合の製材工場である「森林価値創造工場」と取引先の㈲池川木工の工場の合計二カ所について流通加工認証である「CoC認証」[6]の申請を行うこととした。九九年一一月に、認証機関であるアメリカのスマートウッド社に申請書類一式を提出し、二〇〇〇年五月に審査が実施されることとなった。

### 認証審査と結果

認証審査は、スマートウッド社から審査員一名と日本の森林や林業の実状に詳しい研究者三名によって審査チームが結成され、梼原町内で八日間にわたって行われた。認証審査では、スマートウッド社の基準をもとに、梼原町の施業及び計画が合致しているかどうかを点数化して行われた。

まず、始めに行われたCoC認証の審査では、審査チームが森林組合と㈲池川木工のそれぞれの事務所や工場を訪れ、丸太の搬入から搬出までの流通加工過程で認証材と非認証材がどのように区別されているのか、途中でそれらが混ざり合わないような仕組みとなっているかどうか等を中心に審査が行われた。

森林管理認証の審査では、森林組合の事務所でＦＳＣのガイドラインとの整合性や森林施業の内容等が確認され、現地審査では私有地九カ所、公有林及び国有林五カ所等がサンプル地として選ばれ、審査が行われた。さらに、伐採作業が実際に行われていた現場では作業員に対して森林の手入れや環境への配慮、林道開設についての質問も行われた。

森林認証（FSC）の審査風景

木材業者，住民，NGO 等が集まって開かれた公聴会

また、一連の審査過程の中で、木材・住宅業者や野鳥の会等環境保護団体、各種団体、研究機関、林家等の住民から広く意見を聞く「公聴会」も約四〇名の参加の下に開催された。公聴会では、おおむね環境保護と地域づくりの両面からＦＳＣに期待する意見が多く出された。

かくして、認証審査から五カ月後の九九年一〇月に申請したすべての森林の森林管理認証と二カ所の製材工場がＣｏＣ認証取得の運びとなった。「認証書」と一緒に送られてきた「報告書」によると、梼原町の森林管理が評価された点は、①地域社会との関係、②人工林の管理方法として掲げた下層植生としての広葉樹の植栽や一〇〇年の長伐期施業、さらに③樹木の齢級構成の標準化、④管理計画に関する資料や履歴等のデータの管理がきちんと行われていること等があげられた。

一方、今後改善が必要な点としては、①稀少種等の野生生物に関して伐採前での調査が行われていないこと、②ランドスケープ（景観）に配慮した計画の欠如、③管理計画に関して環境への影響に関する事項が十分でないこと、④モニタリングが木材の材積や成長量に重点が置かれ、野生生物やその生息地に関する資料が足りないことなどが指摘された。これらの不十分な点については、一定期間中に改善することが必要で、それが満たされない場合は認証の失効につながるとの条件が付帯された。

## 3　ＦＳＣ取得の意義と今後の課題

### 地域住民のＦＳＣに関する意識

われわれは、梼原町の住民がＦＳＣについてどのように考え、ＦＳＣに関する町内での取り組みを通じて住民の意識がどのように変化したのか等を中心に二〇〇〇年一一月、森林組合の協力によりアンケート調査を実施した。(7) 紙幅の都合上、アンケート結果の詳細を紹介することはできないが、以下に要点だけを記しておこう。

まず、「梼原町森林組合のＦＳＣへの取り組み」について林家に尋ねたところ、「林業の振興に役立つと思う」が六六・五％と圧倒的に多く、次に「環境保全に対する一般的な意識が高まる」が三六・七％、「よくわからないがよい取り組みだと思う」が三五・五％の順となった。このように、森林組合のＦＳＣに対する取り組みはかなり評価され、ＦＳＣの取得が林業の活性化につながってほしいという町民の期待が大きいことが明らかとなった。この他、注目される点は、「一般的に環境への意識が高まる」との回答が四割近くと比較的多く、ＦＳＣの取り組みが森林や林業分野に限らず町全体の大きな変化につながっていくことへの期待が高いことがあげられよう。

町及び森林組合が主体となって展開してきたＦＳＣの説明会や学習会、公聴会等の様々な活動を通じて、住民の意識や関心がどのように変化したのかを生活環境、自然環境、生物多様性、保護林、河畔林などの項目ごとに尋ねたところ、いずれもＦＳＣに取り組む以前と認証を取得した後とでは、かなり大きな意識の変化が認められた。森林に関係する分野だけでなく、ゴミや家庭排水などの生活環境も含めて関心が高まったこと、森林施業においても生物多様性や河畔林など、これまでほとんど考えたことがなかった環境への配慮を前向きに考えるようになったことは地域と流域の環境保護にとっても大きな発展的成果であろう。また、今後のＦＳＣへの参加については、半数以上の林家が参加する意思を持っていることが明らかとなった。

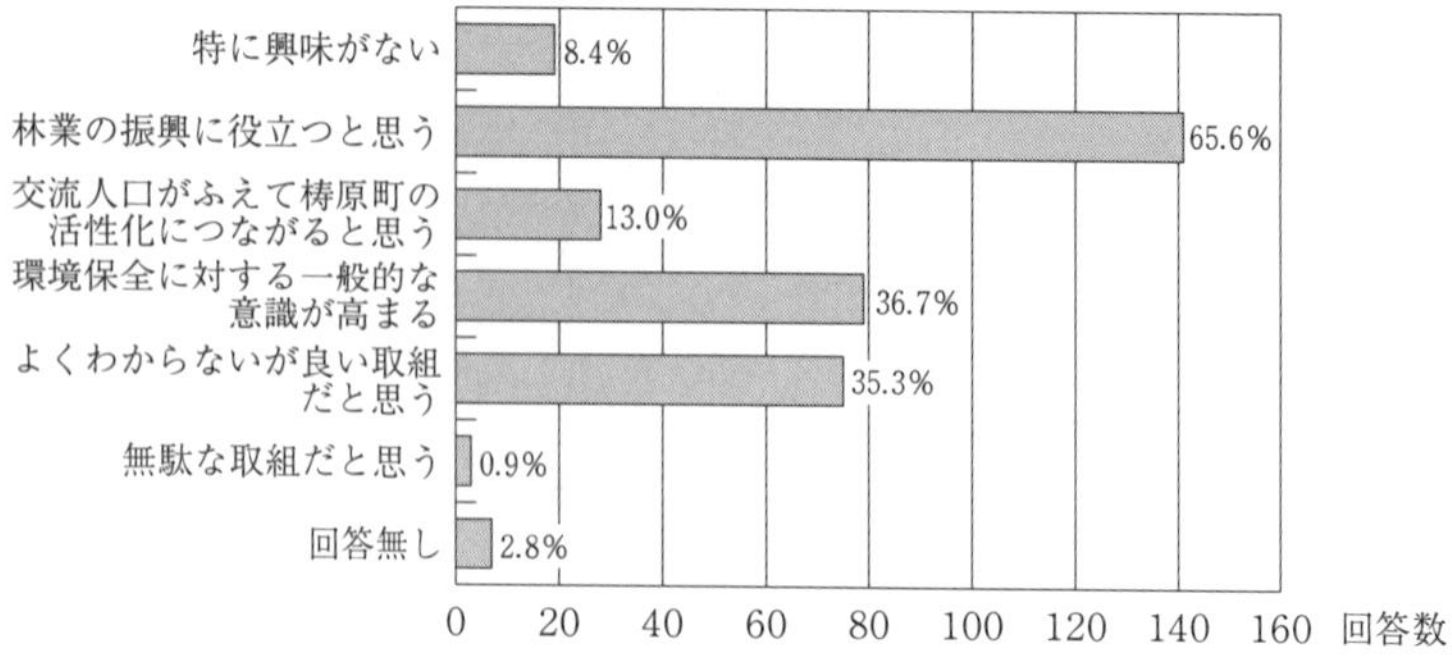


図 2-6 「FSC への取組についてどう思うか」に関する回答

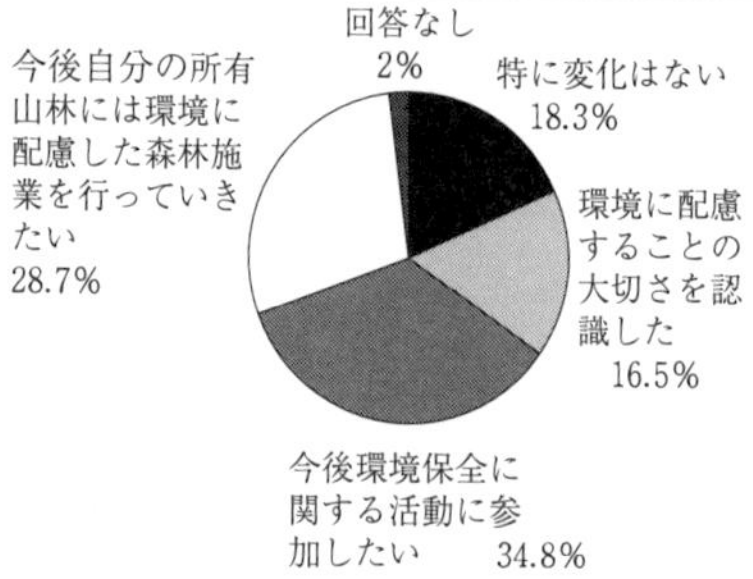


図 2-7 森林・自然環境について（認証取得後）

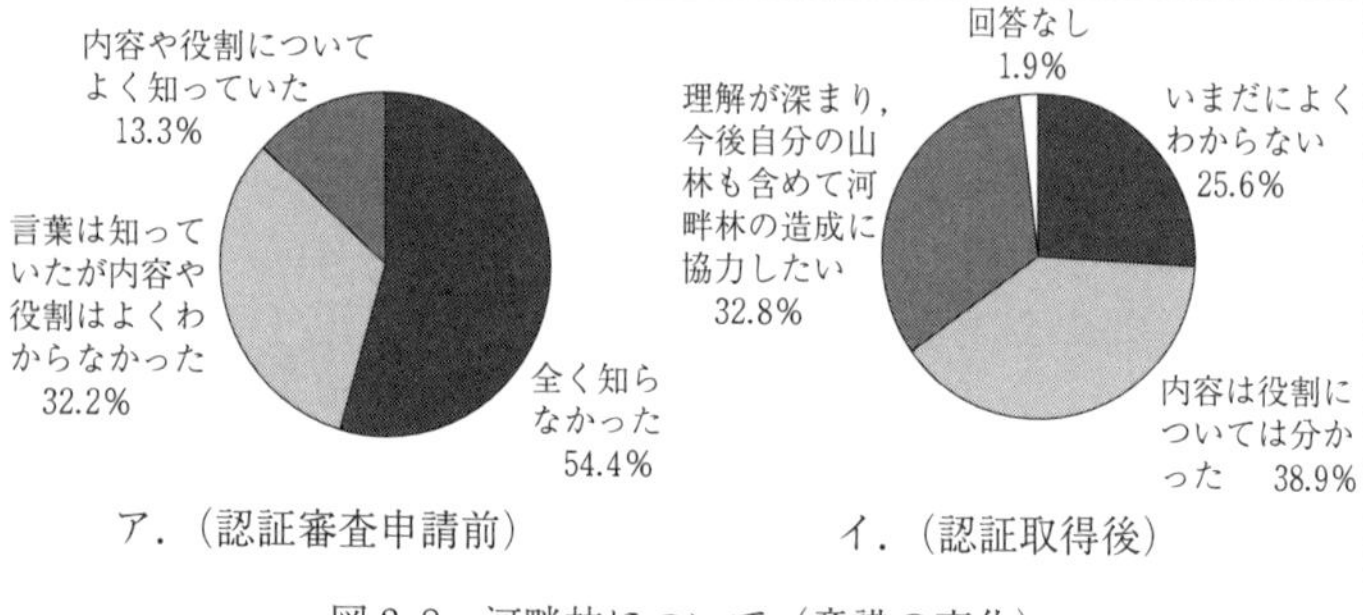


図 2-8 河畔林について（意識の変化）

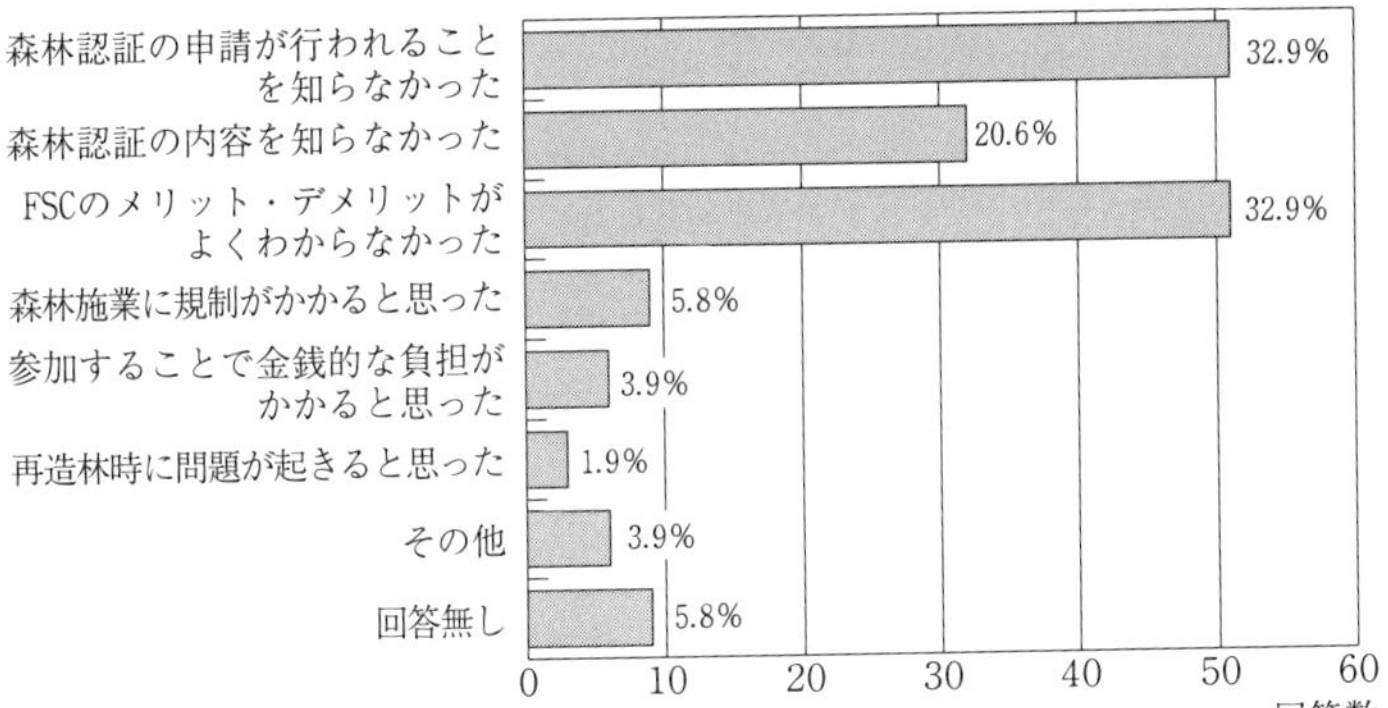


図 2-9　森林認証（FSC）に参加しなかった理由

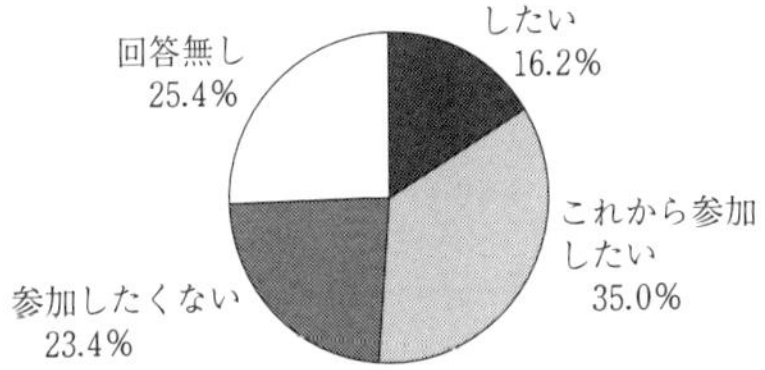


図 2-10　今後の参加について

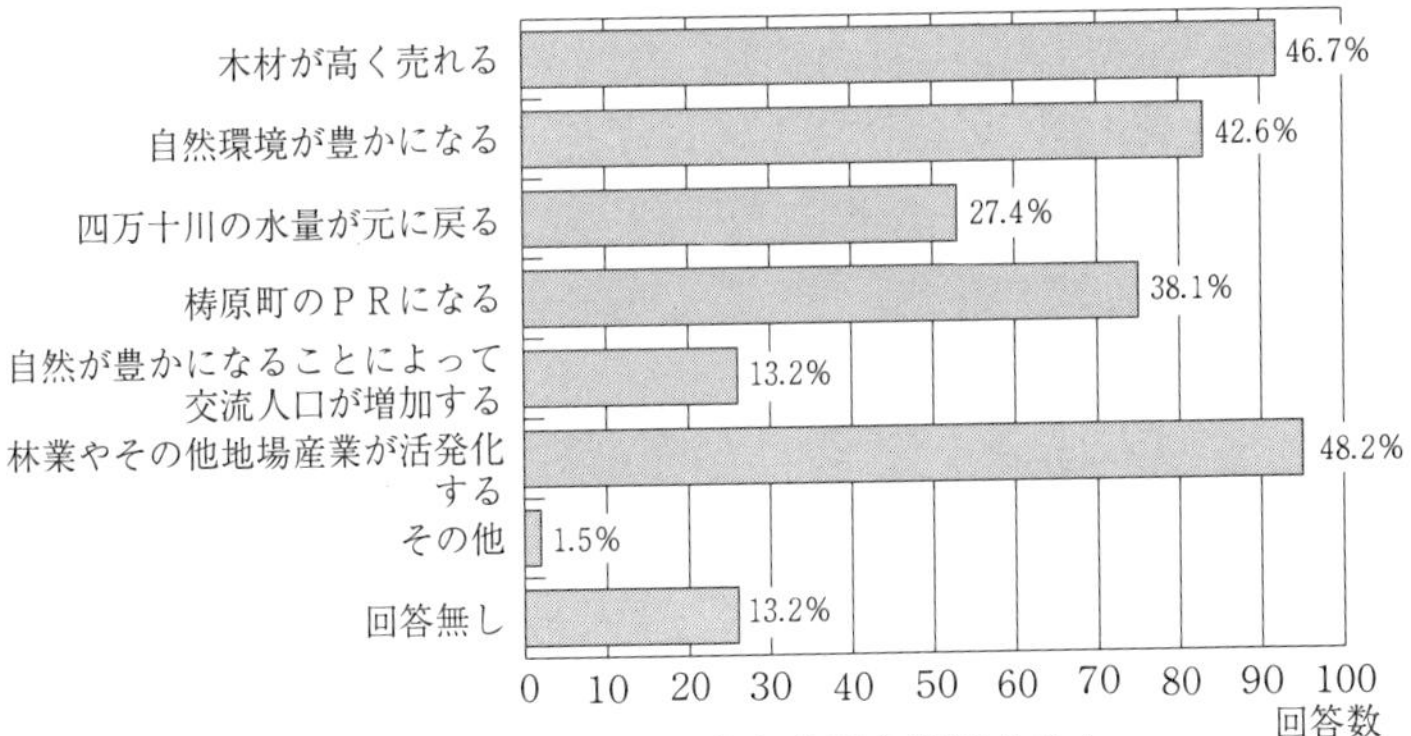


図 2-11　FSC にどのような効果を期待するか

## FSC取得の意義と現段階

FSCの取り組みにあたっての大きな収穫は、森林組合の職員、町職員が勉強会などを通じて自らの環境保全への意識が高まるということにある。さらに、林家に説明し普及させていくためには職員自ら学習する必要があり、一連のプロセスをこなしていくことによって地域づくりにもつながる力量（ないしはエンパワーメント）が高まることにある。

**山中八策《さんちゅうはっさく》**　梼原町森林組合行動指針21

①森林との共生の絆を強め，生態系を豊かにする森林施業を行います．
②森林の蓄積を減らさない持続可能な森林経営を行い，森林からの恵みを活かし地域の発展に努めます．
③水源林や河畔林は，私たちの水瓶と四万十川の清流を守ることを第一とした保全管理に努めます．
④森林の持つ癒し，リフレッシュ，空気清浄化，水源涵養，国土保全など多くの公益的な機能について，広く国民に理解を求める活動をします．
⑤森林は人類の宝と位置付け，都市住民と連携した森林づくりを進めます．
⑥循環型社会における木材の価値を再認識し，その利用拡大に努めます．
⑦事業活動における環境や社会への影響を科学的に評価し，適切な事業活動を行います．
⑧森林を汚さない，傷つけない生活を心がけ，森林を愛し，森林に遊ぶ従業員を育てます．

こうした取り組みの結果、環境に対する森林組合全体の大きな意識の変化をもたらし、二〇〇〇年一〇月にはFSCの理念に沿った行動指針「山中八策」を策定した。また、町も同年九月に「梼原町森林づくり基本条例」を策定し、これまでの木材生産第一主義から森林の有する多様な機能を重視した環境保全型林業・森林づくりへの転換を図ることとなった。この基本条例において、「町は、森林の有する多様な機能が特に重要と認められる森林について、森林所有者及び町民の協力を得て多様な機能を発揮させるための支援を行うことにより、必要な施策を講ずるものとする」（第八条）と謳い、第三章では「森林づくり会議」によって事業者及び町民の意見を聞くものとする、という町民参加が打ち出された。

このことは、二〇〇〇年度からの「梼原町総合振興計画」において「森林と水の文化構想」の実現の三つの柱として、これまでの「交流の里づくり」、「健康の里づくり」、「木の里づくり」から「健康の里づくり」、「教育の里づくり」、「環境の里づくり」へ転換したことにも現れている。つまり、八〇年代半ばから九〇年代の地域づくり戦略であった「交流」と「木の里」づくり運動は、教育と環境の里づくり運動へと町行政の方向も大きく変わることとなったのである。こうしたパラダイムシフトといえる町行政の変化は、二一世紀循環型社会への対応と同時に環境保全を重視したFSCの波及効果の一つと考えられる。

認証取得後六カ月が過ぎた二〇〇一年五月に、町と森林組合はタイアップしてFSCへの参加者の拡大に乗りだした。三月末時点で新たに二九名、三七〇ヘクタール、そして五月二二日時点で四三名、四五四ヘクタールの追加申請があった。さらに、五月二一日から二八日にかけて地区公民館等二四会場で、先の基本条例八条に基づき「水源地域森林整備交付金事業」部落説明会が開催され、同時にFSCへの参加呼びかけが行われた。交付金は水源地整備をめざし、風力発電所の利益等を原資として、五〇〇〇万円の予算で五ヘクタール以上のまとまりのある森林の間伐実施に対してヘクタール当たり一〇万円を支給しようとするものであり、その条件の一つに「FSCの認証森林とするための手続きを行う」という項目が加えられている。これの申請期間が六月一日から七月三一日となっており、相当数の認証参加者の増加が予想される。

## 認証材の商品化と流通—必要なグリーン・コンシューマー

二〇〇〇年一一月末に、森林組合から池川木工に向けて認証材の板材及び丸太の初出荷が行われ、池川木工は翌一月から雑誌「通販生活」を通じてスギ製品である「デスクトップラック」（机上整理棚）を販売しだした。産地を明確にして認証材であることを謳ったため反響が大きく、一〇〇〇個売れればまずまずのヒット商品と言われる中で、一八〇〇個にも達した。これは、環境配慮の製品を売り物にしているだけに、「小物」に対してはグリーン・コンシューマー（価格が少し高くても環境に配慮した製品を買う消費者）的な行動が見られたといえよう。

そして、五月には通販生活を通じての第二弾として「2ウエイラック」を発売しだした。こうした、商品開発とともに、池川木工では既存の主製品であるスノコを中心とする約三〇種の商品に認証材を使用してラベルを付して販売する方向に移行しようとしている。すでに一部は高知市などのDIYの店に出回っているが、FSCラベルに対する消費者の関心と浸透度は決して高いとはいえない。通販のように全国相手ならばグリーン・コンシューマーはある程度掘り起こせるが、現段階の地域市場では、グリーン・コンシューマーはまだ育っているとはいえない。

また、これらの製品の材料は小径材であるため、梼原町内で生産される認証丸太の量がまだ少なく、かつ中目材が多くを占める中で原料確保ができていない段階にある。今後、林家の新たな参加、認証森林の拡大によって供給量、流通量を増やし、認証材が消費者に目立つ存在になることも必要なことであろう。

次に、量的に多くを占める建築用材関連の取引については、住宅建築業者との提携が進み始めている。高知市の中堅地域ビルダーが住宅商品の差別化をめざして、ＦＳＣ材使用のモデル住宅を今秋に建てる計画を進めている。また、その他ＦＳＣ材使用住宅として、高知市の「土佐派の家」を手がける工務店が一軒、そして梼原町の設計士と関心を寄せる高知市の施主の間で一軒が成約し、まもなく着工の運びとなる。本年度建設予定の町内の二カ所の集会所もＦＳＣ材を使用することとなっている。

このように、半年経過した現段階をみると、通販での木工製品関係は、全国を対象として環境をキャッチフレーズとしたＰＲがきちんと行われていることから好調な出だしであったが、ＤＩＹ店や住宅産業への進出は緒についたばかりのところである。まだ、消費地市場においてグリーン・コンシューマーがあまり育っていないこともあって、環境ブランドによる発展は容易なことでは達成できないという課題がある。その一方策として、高知市の中堅地域ビルダー（ＤＩＹ店も経営）と梼原町森林組合が提携して、市民を対象に梼原への自然体験ツアーや木工教室などを開いて消費者の認識を深めてもらおうという企画も立てている。

前項で述べたように、認証森林は水源地整備の交付金との抱き合わせで大幅に伸び、今後ＦＳＣ材の供給量も増えることが予想される。一方の需要サイドでは木工関係ばかりでなく、緒についたばかりの建築業との連携による普及活動が成否の鍵を握っている。また、ヨーロッパなどで活発なグリーン・コンシューマー運動が、日本でもシックハウス症候群の多発を契機に、芽として出かかっている。たとえば高知県の「森を守る県民会議」ではＮＰＯや生協理事の主体的参画のもとに「県産材を使うことが環境資源である私たちの森を守る」という理念のもとに県産材認証制度を立ち上げつつある。そのような運動と連携しながら、環境認証と消費者との距離をいかに縮めていくかが課題であろう。

これは、生産者、流通業者、消費者それぞれが自由に利潤や欲求に基づいて、価格を指標に行動するという現代の市場システムへの中では容易なことではない。グローバルな競争を強いられる市場システムでは環境をコストや価格に盛り込むことは一般的には行われず、第一章で述べたような「巨大な力」と効率原理で律されている。ヨーロッパでのグリーン・コンシューマー運動は、それに抗して環境を組み込むことを「人びとの手」で修正しているのであり、文明のレベルの問題であるかもしれない。日本も早く追いつくべき課題であり、その時には森林認証の価値が本格的に高まるであろう。

### 困難だが推進すべきＦＳＣのグループ認証

檮原のように森林組合が管理者となって規模の小さい所有者（林家）と契約する形で参加を促し、基準・指標に沿って環境配慮の計画、実施、そしてモニタリング（評価）といった一連の要件を満たすことは、必ずしも容易なことではない。すでに、三重県の速水林業が日本で最初のFSCの取得を行ったように一企業とか公有林などまとまった単位の所有者の場合は、まだ対応はやりやすいが、梼原のように小所有者等をたばねてグループ認証を取得するのはかなり大変なことである。管理計画に関する資料や履歴などのデータを揃える必要があるが、梼原町森林組合は履歴を記録した林家台帳を整備していたため、その点はクリアできた。

次に、個別林家の参加を促し契約までこぎつけるのも容易なことではない。今のところ、林家にとって参加することによるメリットが見えないという段階にあることから、将来のメリット実現の可能性を少しでも示すこと、あるいは逆に「どうしようもない林業・山村の危機からの脱却をめざす」ための一つの戦略であるということを分かりやすく説明することも必要であろう。さらに、FSCの重視する環境配慮を活かした「環境の里」づくり、そして地域づくり運動の一環として役場と一体となって取り組まないとグループ化は難しい。そうした地域づくりと環境保護という精神論で参加する者もかなりいることは事実であるが、大勢はそれよりもメリットによって動く。取得後の拡大にあたってそのアメともいえるものとして、梼原町はFSCへの参加を前提に水道水源林整備に上乗せして交付金を出すことを実行し始めた。それによって、大幅な参加増がみられつつある。

逆にいえば、そこまでやらないと林家の参加によるグループ化というのは簡単には進まないということでもある。今、四万十川流域でも梼原に続いてグループ認証の検討を進めているところはあるが、その歩みは必ずしも順調とはいえない。全国的にも三重県や岩手県で検討が行われている程度でまだ数も少ない。

しかし、これまでみてきたようにＦＳＣへの取り組みは流通面での直接的利益の他に、副産物として環境意識の向上や人づくり地域づくりの面での意義は大きい。森林組合や町の担当職員が、ランドスケープやモニタリングといった環境影響評価にかかわる言葉を普通に使い出すことも革新的なことである。そして、森林地帯は水源地域であり、流域の環境保護の前進にとってもＦＳＣのグループ認証の取得は推進すべきことである。

最後にもっと大きな視点から見た場合には次のことがいえよう。グローバル化のもとで構造的危機にある林業では、とくに小所有地域では、いかにみんなが参加して規模を拡大し、巨大な力に対抗するかが基本的課題であり、同時に構造的危機によって引き起こされた森林管理や施業の放棄による森林荒廃からどう再生するかが課題である。森林組合、町、林家が一体となった梼原の取り組みは、参加林家を拡大することによってその課題解決にかなり近づき、一定の対抗力を形成する。また今日の行政にあっては、数百ヘクタール単位にまとめて効率的な機械類を使用しコストを下げる団地共同施業が一つの方向として推進されている。同じ四万十川源流域に位置し、梼原町に隣接する東津野村では、県の方針のもとに森林を自然保護、環境保護の視点も含んで七機能分類(8)を行い、木材生産林（森林資源循環環林）では林家の参加の下に団地共同の組織化が進められつつある。民有林でのゾーニング制度は必ずしも実効性があるとは思えないが、東津野村のような環境に配慮したゾーニングのもとに本腰を入れて林家が参画し共同施業を進める形ならば意義が認められる。

## 第三節　流域保全と地域づくり

### 1　グローバル化と地域農林業

前節の梼原町のように森林整備と、山を守る担い手の再編に取り組んでいるところもあるが、流域全体では担い手の基盤となる農林家はきわめて厳しい状況におかれている。本節では流域の環境保全に大きな役割を果たす農林家、とくに農業の現状を概観し、九〇年以降四万十川ブームの中で交流型山村観光を含めた産業再編に向けての新たな動きをとらえていく。

WTO体制下におけるグローバル化の影響は、生鮮野菜を中心とする農産物の中国、韓国からの急激な輸入増加という形で現れており、国内農業、とくに中山間地農業を構造的危機の中でいよいよ手詰まりへと追い込み、新たな山村解体段階に入ったといえよう。

四万十川流域の農業は、比較的平場の多い海岸部を持つ窪川町と中村市を除けば、そのほとんどが本流、支流沿いの狭隘な耕地を利用している典型的な山間地農業地帯である。現在は、東津野村の茶（工芸作物）、窪川町の畜産、大正町での花卉栽培が目立つものの、ほとんどが稲作と園芸野菜を中心とした農業である。特に西土佐村は園芸の比重が高く、農業生産額の半分以上を占めている。中山間地域にあって、園芸野菜に農業の活路を見いだしてきた西土佐村を例にとり、その歴史的推移と今日的課題をみていく。

### 西土佐村の農業の変遷

西土佐村は、四万十川の中流域に位置し、村の九〇%以上が山林という流域の典型的な山村である。二〇〇〇年における経営耕地面積は三八一ヘクタールで総面積の二%に満たず、棚田状の農耕地が多いうえ一戸あたりの水田所有面積も四一アールと小規模であり、他の農林産物との複合経営により成り立ってきた。農家戸数は二〇〇〇年で六六〇戸であり、一九六〇年の一〇三〇戸から三分の二となった。

表2-6に農林業の展開過程を示した。戦前から一九五〇年までは稲作・養蚕はみられるものの、木炭生産ならびに楮《こうぞ》・三椏《みつまた》といった製紙原料と和紙の生産が主であった。戦後、和紙の需要減少にともない和紙製造は衰退・消滅し、そのため村の経済は木炭を中心にしたものへと変わっていった。だが村の経済の中心的存在だった木炭も五七年をピークに漸減し、六〇年代に入り激減する。「高度経済成長」下にあって、これまで生活を支えてきた主力作目が失われたために、労働力の村外流出が進んだ。いわゆる山村の第一次解体期である。(9)

しかし厳しい状況にありながらも地域に残った人々は、その危機克服に対する活動を展開する。

表 2-6　西土佐村の農林業の変遷

| | 林　業 | 農　業 |
|---|---|---|
| 戦前～1950年 | 木炭生産中心 | 和紙生産（稲作・養蚕）<br>和紙衰退 |
| 1950年代<br>高度経済成長期<br>（第一次解体期） | 木炭生産衰退 | |
| 1960年代 | 木材生産・拡大造林最盛期<br>シイタケ・クリ | 63年「農村計画」策定<br>（基幹作物）　稲作・養蚕・和牛 |
| 1970年代<br>「減反政策」強化 | | 稲作から園芸野菜への転換<br>スイカ・インゲン・イチゴ等<br>78年「価格補償制度」 |
| 1980年代<br>プラザ合意<br>輸入農産物増加<br>（第二次解体期） | シイタケ・クリ衰退 | 高齢化、後継者不足<br>新たな作目導入<br>シシトウ・ナバナ<br>ミョウガ・米ナス<br>和牛・養蚕衰退 |
| 1990年代<br>ＷＴＯ体制確立<br>輸入野菜増加<br>（第三次解体期） | 林業衰退 | 園芸野菜発展<br>96年農業公社設立 |
| 2000年代 | | 生産額減少　衰退期へ？ |

六三年に村は農林家の積極的な関わりのもとに「農村計画」を策定した。ここでは農業の基本を農畜林の複合経営に求め、稲作・養蚕・和牛・シイタケを主幹作目、クリを補完作目として基本的な作目と生産目標を決めると同時に、農協による共同出荷などの体制を整えつつ農家同士の協同を回復することが図られていった。この積極的な運動は、七〇年代の稲作減反という農業再編政策に対しても柔軟に対応する力を持ち得ることができ、七一年のスイカ栽培を皮切りに、イチゴ、シシトウ、ナス類と試行錯誤をくり返しながら園芸野菜の導入をおし進め、現在の西土佐村農業を形成してきた。

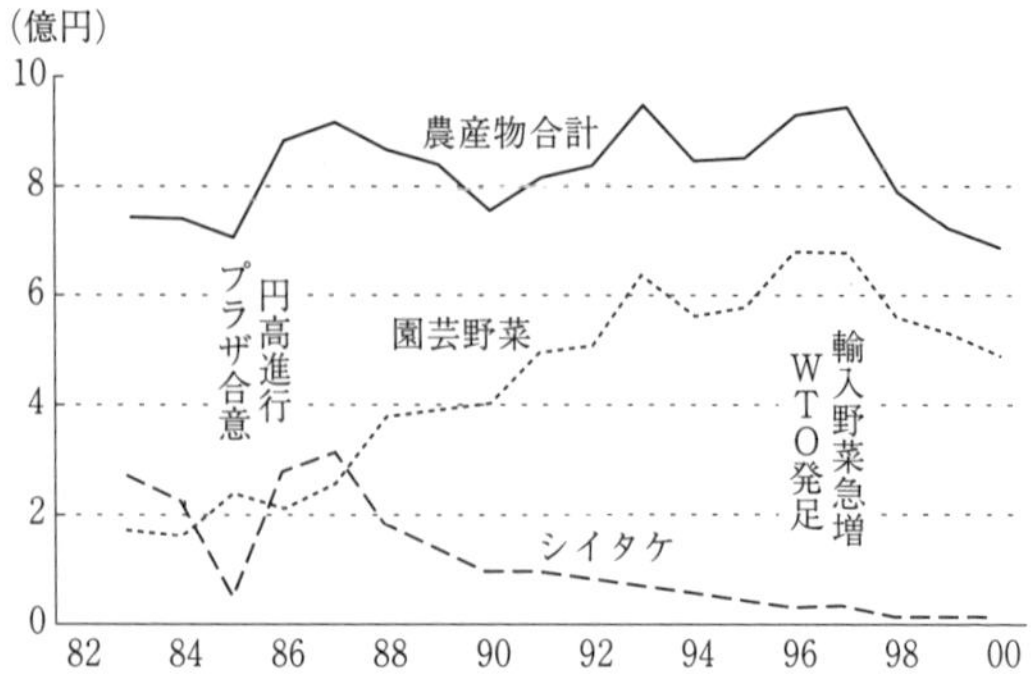


資料）高知はた農協（なお西土佐村農協は 96 年に広域合併して支所となる）

図 2-12　西土佐村農協扱い販売額推移

こうした園芸の振興には、戦後質の高い自治運動のなかで育てられた農業者による「西土佐村青年経営者協議会」の発足と、このメンバーに農協、役場職員らが連携して作目導入を積極的に行ったこと、[10]そしてその作目導入を支えた「価格補償制度」の働きが大きい。これは七八年に村と農協が出資し「園芸作物価格安定基金」を設立、基金と利息による準備金を加え二億円余りが用意されている。この制度は村で生産する指定園芸作物の単価が基準を下回った場合、その金額を基金から補填する仕組みである。これにより生産者は最低価格が保証されるため、指定作物を安心して生産することができるのである。その結果、七九年には農協販売額が一億円、一〇年後には四億円、九三年以降は六億円を突破するという急速な成長をとげた。

一方で基幹作物であったシイタケは八〇年代半ばまでの三億円前後の売り上げが、二〇〇〇年現在約一千万円と激減し、クリも同様に一億円から十分の一となった。畜産も低迷しているが、養蚕にいたっては九八年を最後に生産農家がいなくなる。八五年のプラザ合意以降の急速な円高は、シイタケで典型的にみられるような輸入増による価格暴落によって、かつての基幹作物をことごとく衰退へと追いやった(第二次山村解体期)。このように稲作を中心とする農畜林複合経営から八〇、九〇年代にわたり園芸農業へと再編しつつ、円高による低迷をなんとかくぐり抜けてきた西土佐村の農業だが、九七年以降園芸野菜の生産額が減少しはじめる。

## 深まる危機的状況

その主要な外部要因は、中国産を中心とする輸入野菜の増加による価格下落である。財務省「通関統計」によると、九九年の生鮮野菜の輸入量は約九三万トンで三年前の約一・五倍に増加し、とくに中国と韓国からの輸入が激増した。こうした輸入野菜の攻勢は村で栽培する野菜全体の価格を引き下げ、生産額はピーク時の九七年から三割近く激減する。かつて著しい園芸の成長を背景に、一〇年ほど前に脱サラし農業をめざしたある農家男性は「農業に希望をもってハウスでシシトウを作ってきたが、今は露地物と値段が変わらず経費ばかりかかる。昔は市場価格に安い時があってもいずれ高くなるから仕事に面白みがあったが、今は安くなる一方なのでハウスのシシトウはやめる予定。これからどうすべきか、先行きが見通せず全くわからない」と危機感を募らせている。

また村の園芸を支えてきた価格補償制度も、価格下落による補給金の増加と低金利のため準備金が減少し、数年後には原資を取り崩さなければならない事態となり、早急な見直しがせまられている。

一方で生産額減少の内部要因としては、慢性的な後継者不足と高齢化の進行があげられる。かつて園芸の新規作目に取り組み、村のリーダー的存在であった青年経営者協議会のメンバーが段々と高齢化をむかえている。村の年代別農業就労者を七五年と九五年で比較すると、成壮年層が多かったものから高齢者層中心となり、六〇歳以上の男性層の増加がみられる。これは当時からの農業者がずっと基幹的に農業を続けており、加えて役場や会社を退職した人が帰農した結果であり、専業農家が減らずに推移しているのは年金と農業で暮らしていく高齢者農家があるためである。実際の農家調査でも、農業後継者の有無に関して「どうなるか分からない」とするものが多いが、役場や会社などを定年退職して「将来は就業する予定」という回答も少なくはない。(11)一方で二〇代、三〇代の若手農業就労者は全体のわずか五%である。最近五年間の新規就農者は年平均一名程度であり、今後高齢者専従型の農家構造がいっそう強まることが予想される。かつて、若手農業者を中心に再編を行ってきた西土佐村の農業は、グローバル化と高齢化の中で有効な再編策を見つけられないまま、そのエネルギーを失いつつある。

危機的状況に対する方策として村は、九六年に新規作目の開発導入と農業後継者育成を目的とした「㈶西土佐村農業公社」を設立した。公社は近代的な施設で新規園芸作目を試験栽培しており、ナス類の集約的水耕栽培や、アロエをはじめとした無農薬・減農薬野菜の生産など一二品目の開発導入を行い、新たな時代に対応できる農業を目指している。また水稲や園芸野菜の育苗を行い、村内の農家に供給し経営の効率化と共同化を図るとともに、後継者対策として村内の学卒者やUターン者を研修生として受け入れ、次代の農業経営者として従事できるよう二年間有給で団地内の作目栽培に取り組ませている。これまでに四名を受け入れ、二名が実家、一名が団地内での農業に就業しており一定の貢献はしている。しかし今年度は研修希望者がいなくなり、こういった状況が続けば後継者対策を掲げる公社の意義そのものが危ぶまれる。

この公社の設立はガット・ウルグアイラウンド対策の補助事業によって行われたのだが、後継者対策にしろ必ずしも成果が上がっているとはいえず、国が主導する従来型の構造改善策のみでは、今現実にうねりをあげているグローバル化の波に対抗しきれていないのである。今後、流域環境を守っていく担い手をどのように育てていくのか。次項では流域内で芽生えている新しい地域づくりの動きをとりあげ個別にみていく。

## 2　自治体主導による流域保全と地域づくり

### 交流型地域づくりの動向

八〇年代半ばから、清流四万十川の価値が全国的に注目を集める中、流域の自治体は四万十川の保全や地域づくり、あるいはそれらの両立に取り組む事業体を次々と設立した。九〇年代前半は、西土佐村の「カヌー館」、「ホテル星羅四万十」、大正町のオートキャンプ場「ウエル花夢」等、単純な観光施設型整備が進められた。

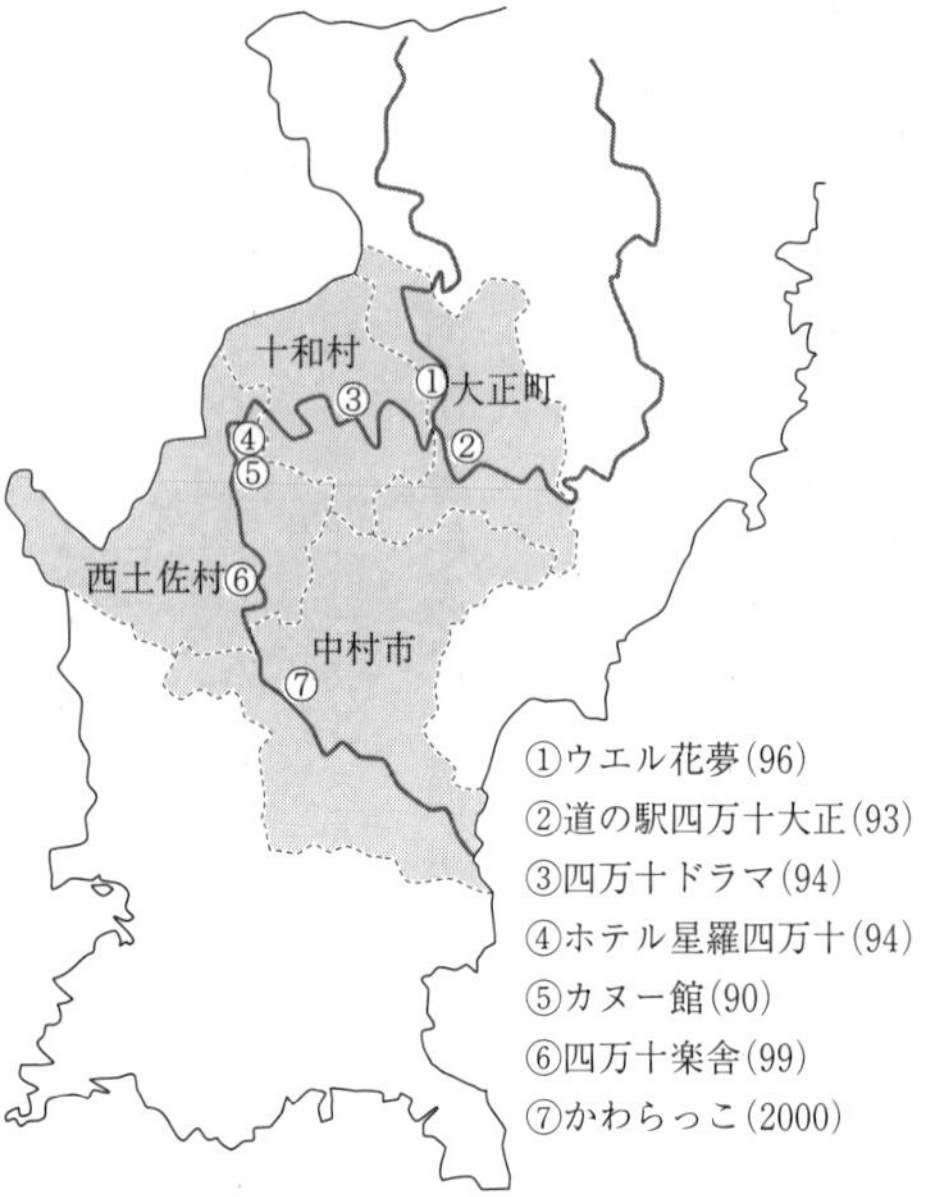


図 2-13　四万十川中・下流域における自治体主導の交流施設整備

一方で清流保全や農林業の活性化を考慮する内外からの意見の高まりとともに、九〇年代後半には地域住民の参加や、都市住民との交流連携をめざす個性的な内発的地域づくりが展開してくる。十和村の「四万十ドラマ」や西土佐村の「四万十楽舎」、中村市の「かわらっこ」が代表的な事例である。先に述べたようにグローバル化が進展する中、農林業の担い手確保と同時に流域保全を担う主体の確保が重要な課題となっている今、これらの施設や組織に注目して、以下にその分析を行っていく。

**体験学習と特産品開発—四万十楽舎**

四万十楽舎は、西土佐村中半集落の四万十川のほとりにある休校中の小学校校舎を利用した自然体験学習施設である。正式名称は「西土佐環境・文化センター四万十楽舎」であり、四万十川を中心にした地域の環境や文化の保全及び普及・啓蒙活動を行うとともに、都市民との交流も同時に行うことを目的としている。校舎は宿泊できるように改造されており、大学生や社会人向けの研修・合宿から、小中高校生向けの林間学校的利用も可能となっている。「学」舎ではなく「楽」という字を当てたのは、楽しめる学校にしたいという方針の表れである。

九九年に設立されたきっかけは、新築の校舎が過疎のためわずか六年間で使われなくなり、一〇年以上も放置されていたことに目をつけ、これを改修し村民のための交流・学習施設として使えないだろうかという高校教諭のアイデアに村長が賛同したことであった。このアイデアが具体的に村の議会で承認され、県からの補助や過疎債などを利用し施設の整備が進められた。事業体の形式は、第三セクター方式ではなく社団法人として公的な性格を維持しつつも、運営は独立採算制で行う形となっている。ただし実際には、公的な事業、たとえば村民の生涯学習や流域保全に関する体験学習に関しては、村のほか国や県の補助事業を利用しており、独自の収入源となるのは宿泊事業やカヌーレンタル、会員からの会費などである。

四万十楽舎（西土佐村中半集落）
元小学校を利用して，自然体験宿泊，文化，環境，地域づくり拠点となっている

現在スタッフは七名で繁忙期には臨時のアルバイトを雇用している。スタッフの多くは地域外からのI

ターン者で、元教員や水生生物の研究者など多彩である。地元住民に必ずしもその理念や意義が理解されているわけではないが、外からの新たな風として良い刺激になりつつある。また、地域特産品を開発する際にも、地元にはなかった発想を取り入れるチャンスになるだろう。四万十楽舎の大きな特徴は単に地域住民のための生涯学習施設ではなく、地域外との交流も重要視した施設であり、その面でこれらスタッフは地元住民と都市部からの来訪者とのパイプ役になっている。

## 都市住民の「田舎暮らし」志向への対応

四万十楽舎では、「里小屋オーナー制度」として、地元のスギやヒノキの間伐材を利用した簡易住宅の貸し出しを行っている。三〇〇万円程度で一五年間貸し出すもので、別荘として利用しても良いし、そこに移住することもできる。四万十楽舎の利用客をはじめ、インターネットやマスコミ報道から情報を得た人からの問い合わせが百件ほど殺到し、そのうち三〇人くらいは下見に来ているという。人気の理由の一つには、四万十川のネームバリューによる効果が大きいが、一五年間で三〇〇万円という値段が話題性を持ったといえる。また、定住や永住というと決断も重いものになるが、まずは別荘からという気軽さが受けていると思われる。こうした手軽な移住をきっかけに都市民との交流が活発になれば、結果的には村の活性化にも繋がっていくであろう。

一方で、西土佐村が二〇〇〇年秋に行った「田舎暮らし体験事業」では、一二名の参加者のうち七名がそのまま移住することとなった。この結果には、村の担当者も予想以上の定住希望者の多さに驚きを隠せなかったという。今後、移住者が定着するためにはいくつかの困難を乗り越えなければならないと思われるが、先に移住者が居て相談相手になったり、地元住民との間をとりもてば大きな助けとなる。流域外からの移住者である四万十楽舎のスタッフの存在や活動は、後からやってくる者にとって水先案内人としての役割を担っている。

### 情報発信と特産品の産地直送―四万十ドラマ

四万十川流域の中ほどにあたる十和村、大正町、西土佐村の三町村は、国の「若者定住促進等緊急プロジェクト」及び高知県の「ふるさと定住促進モデル事業」を利用して「㈱四万十ドラマ」を九四年に設立した。当初の資本金は三町村からの合計で二四〇〇万円であった。第三セクター方式で運営される組織で、事業内容は、①地元生産グループの組織化による地域特産品の開発及び加工・販売、②都市民を含む会員への情報発信として機関誌「ＲＩＶＥＲ」の発行、③川遊びや地元の農山村生活体験を通じた流域保全及び農林業の体験学習（自然の学校）の開設、などである。

流域保全と地域振興のバランスを考えながら両立を図ることが主な目的で、流域地元住民の参加を前提とした普及・啓蒙活動とともに都市民との交流活動も行っている。このため地域特産品を開発する際には食材なら「安心して口にできるもの」として有機農法的な商品に限るなどの理念が貫かれており、具体的には、地元の生産者グループの掘り起こしや組織化のコーディネート

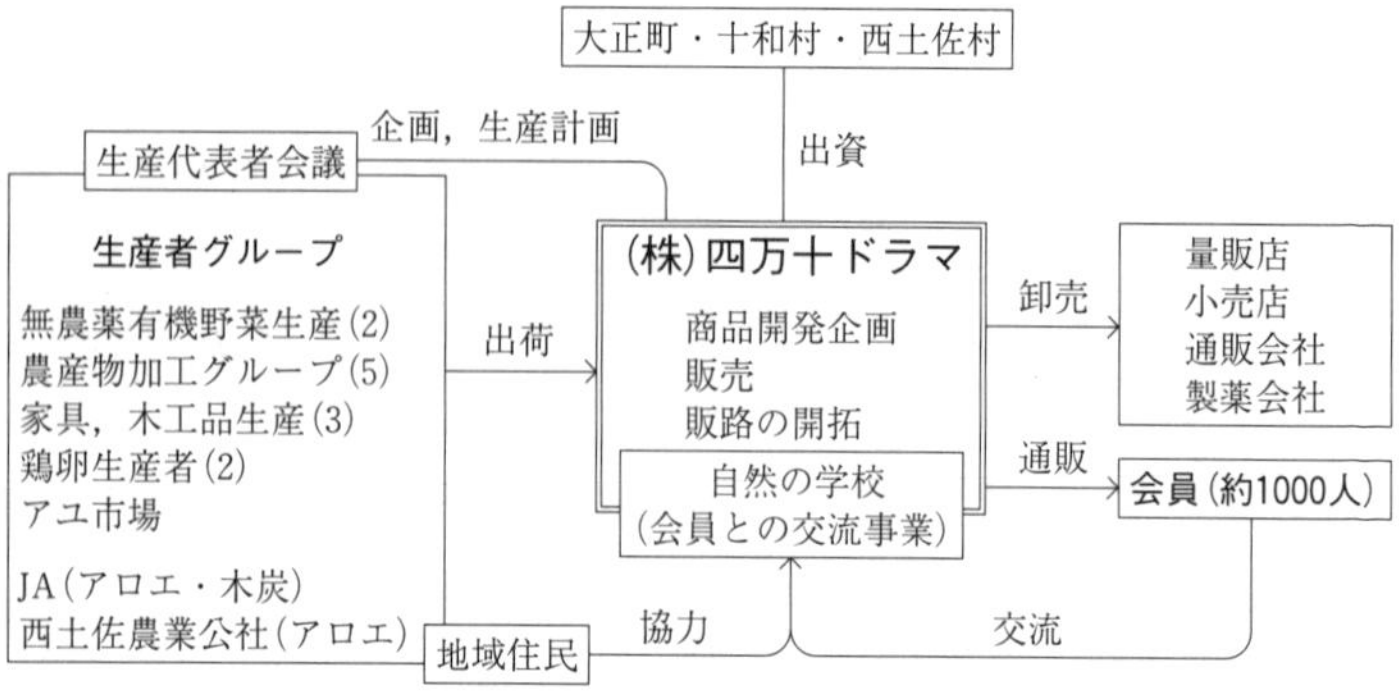


図 2-14　四万十ドラマの生産，流通および交流関連図

を行う際に、食材や流域保全に対する理念や販売戦略について、生産者自身の考えを聞き出したり、話し合いの場を設けてチェックを行い、四万十ドラマを通じて出荷する商品のブランド性を維持できるようにしている。

一方的に考えを押しつけるのではなく、四万十川の保全と安全な食品を生産するという理念および経営戦略に関して、商品を出荷する住民自身が考え、運営に参加させていこうとするものである。こうした考え方は、公的な課題に対して民間の活力を導入するという第三セクターの理念の基本であるかもしれないが、実行するのは容易でなく、組織ができてしまうと住民から離れ運営は任せっきりという事業体も少なくない。そんな中で、四万十ドラマはグループの組織化・住民参加を通じて基本的理念の実践に向けた体制づくりが進められているといってよい。

都市民との交流活動も一方的なものではなく、地元住民は自然の学校の講師として参加するなど双方向のやりとりが行われている。こうした活動を通じて、都市民は豊かな自然や安心できる食材、または清流観光による癒しを享受できる一方で、流域住民は情報や消費者ニーズを把握でき、それによって観光業の振興や農林産物の販売促進を行い、地域づくりへと発展する可能性が広がる。加えて、流域の地域資源の豊かさについて、客観的な視点から再認識することができる。

また、四万十ドラマは、単独市町村でなく三町村が共同でつくった施設であることが特徴的である。いうまでもなく河川、この場合四万十川の流域は複数の市町村にまたがっており、その保全を考える場合には該当する流域市町村間の連携や調整が当然必要となる。四万十川という共通した地域資源を有効に利用して地域の振興を図る場合にも、市町村を越えた連携が必要である。

四万十ドラマのある十和村昭和集落

県外からの観光客は、ある村や町をめざして来る場合は少なく、「四万十川」が目的で来ており、似たような状況下にある隣接市町村が同様の施設をつくっても集客効果は少なく、また意味のない競争を生む結果になってしまう場合もある。

## 四万十ドラマの運営

第三セクター方式の事業体の多くが経営破綻している中、四万十ドラマは設立当初の九四年度から九八年度までの五年間は赤字であったが、次第に売り上げを伸ばし九九年度には売り上げが六〇〇〇万円を超え、単年度では黒字とし、翌二〇〇〇年度にはさらに売り上げを九〇〇〇万円と飛躍的に向上させ黒字を継続している。売り上げの大半を占めるのは西土佐村の事業でつくられたアロエ加工場から出荷される製品の販売である。西土佐村はグローバル化に対抗する切り札としてこのアロエの生産と加工に乗り出し二〇億円を超える投資を行っている。当初過剰生産などの問題があったが、その後の販売戦略の転換によってなんとか経営を持ち直している。この他、会員を対象とした産直品の通信販売や小売店への卸売りも行っている。生産者グループからの出荷は、農協への系統出荷のように大量で安定的なものではないが、四万十ドラマの営業努力によって様々な形で売りさばかれている。

四万十ドラマの会員数は約千名で、すでに東京にはアンテナショップを展開しているが、現在、東京や大阪といった主要な大都市に支部の開設を進めている。また、地元住民や会員の中から出資者を募り、赤字をつくらずに自治体からの補塡にも頼らない運営体制をめざしている。赤字を出さずに健全な経営を維持するための営業・販売活動を行う一方で、流域保全の理念を失わずに普及啓蒙活動や体験学習活動を行っている事業体は珍しく、注目すべき事例であろう。

## 十和村の「地産地消事業」

四万十ドラマの事務所がある十和村では、村と農業普及所および住民グループとのパートナー

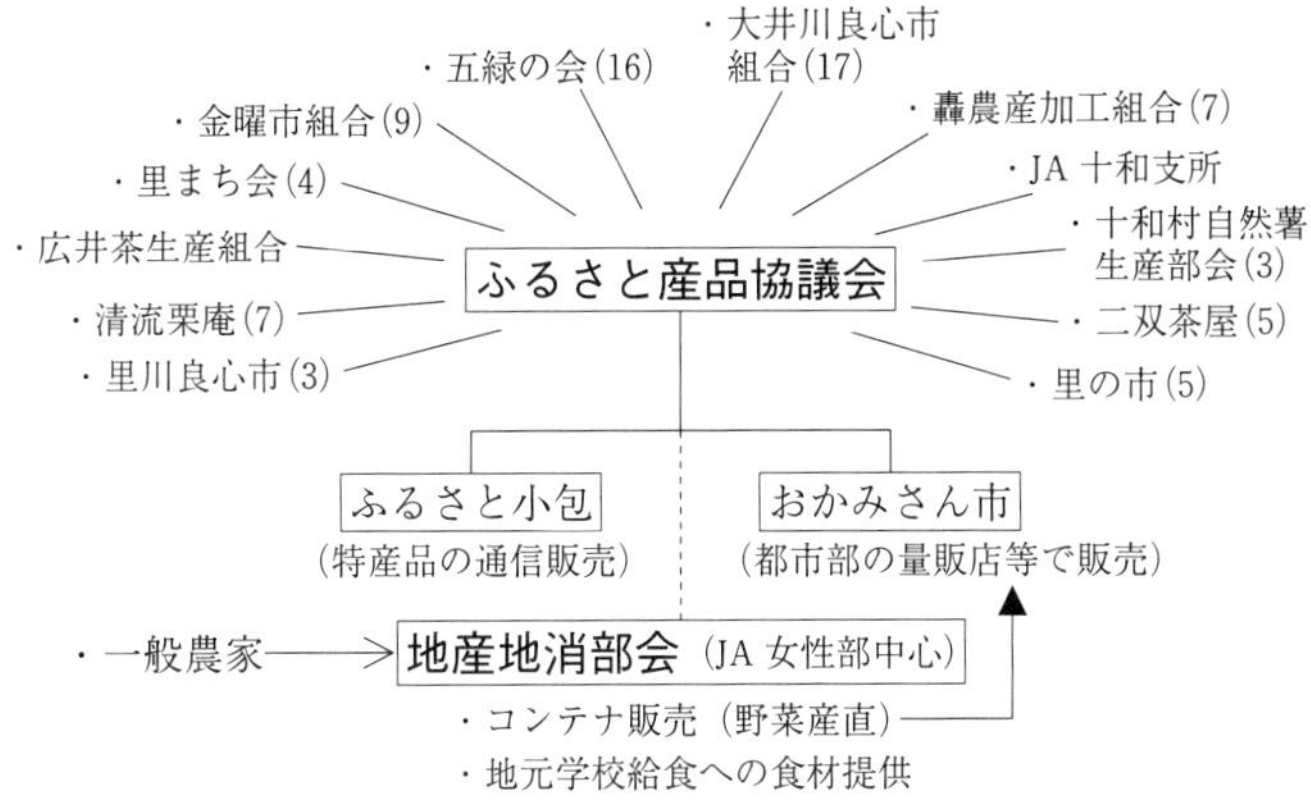


注) グループの( )の数はメンバーの人数

図 2-15　十和村における産直活動の組織

シップのもとに二〇〇一年四月から「地産地消事業」として、高知県内のスーパー等への産直活動を始めた。現在登録されているグループが一五、出荷者は約八〇人で、月に一〇回程度の出荷を行っている。これは前述の四万十ドラマの活動から影響を受けた部分が大きい。四万十ドラマは村の事業に先駆けて、農産物の出荷者グループや加工グループを形成し、共同販売を行っており、高知県内外の小売店とのコネクションもあった。この波及効果として十和村が共同販売事業を始めるきっかけとなった。現在は試行錯誤の段階であるが、これを契機に住民がこれまでのように農協への系統出荷としてある程度まとまった量を安定的に供給しなければならなかった品目とはべつに、自給的に家庭菜園で栽培していた他品目の野菜も「清流四万十の十和村から」というキャッチフレーズで売り込むことができる。今後こうした共同出荷を発展させるには単に市場での経済的な競争に勝つのではなく、消費者との交流を進め、顔の見える生産者として、もしくは心のふるさととして村のファンをつくるなど、物質的な面以外での付加価値をつけることも必要であろう。

## 3　観光拠点整備

### 西土佐村の「カヌー館」

次に四万十川流域での観光拠点づくりに関する新動向についてみてみる。四万十川流域における観光の中で、特に全国的な注目を集めているのが清流とカヌーである。現在、四万十川流域には年間約百万人の観光客が来るといわれているが、その多くが下流に近い中村市の遊覧船や西土佐村でのカヌーが目当てである。西土佐村には年間約二〇万人の観光客が来ると試算されており、一〇年前の九〇年と比べると二倍以上増加している。これは、主にカヌー客の増加によるもので、このきっかけとなったのが西土佐村カヌー館の設立である。カヌー館は正式名称を「四万十ふれあいの家カヌー館」といい、九〇年に自治省のリーディングプロジェクト事業を利用して設立された。村有の施設であるが、運営は西土佐村観光協会に委託されている。村の中心部の対岸にあたるカヌー館の周辺は、以前からヘルスセンターや公園などの整備が進められていたが、その後、同事業でホテルが建設されるなど、村の一大観光拠点となっている。

## 住民参加型の地域づくり―中村市「かわらっこ」

この事例は、最下流部の中村市で取り組まれた大川筋農林業振興組合と、その組合が運営する観光施設「かわらっこ」である。四万十川の最も下流部に位置する中村市の市街地から西土佐村に向かってやや山間部に入ったところが大川筋地区である。この辺りは、四万十川の水量が豊かでゆったりと流れ、観光客の多くがイメージする四万十川像そのものの地域である。このため遊覧船業者が多く存在しており、これらを目当てに四万十川ブームが本格化し始めた九〇年代に入ると、次第に観光客が増加した。しかし、地元への還元は一部の業者や中小資本に落ちるのみで、大川筋地区でもグローバル化による農林業の衰退と過疎化の進展は例外なく進んだ。

こうした現状をみた中村市は地元で話し合いの場を設け、住民自らに地域の振興について考えさせるきっかけを与えた。そこで観光と農林業を融合した形で地域振興を図ることのできる施設をつくろうというアイデアが出され、具体的な活動組織として地元住民の出資による大川筋地域振興組合が設立され、二〇〇〇年四月には観光拠点としての施設かわらっこがオープンした。かわらっこの経営は中村市から振興組合が受託し、事業としては地域に屋形船業者が数多く存在するため、これらとの競合を避けキャンプ場とカヌーレンタルを開始した。また、草木染めなど特産品の販売も生産者グループと連携しながら行っている。

きっかけづくりこそ行政主導であったが、その後、企画計画段階から住民が積極的に参加し、自らの出資による組合を設立し、運営に携わるという点で住民参加型の事例といえよう。現段階では、施設の設立からまだまだ日が浅く手探りの状態であるが、今後は、四万十ドラマや四万十楽舎と連携を図りながら安定した経営と当初の理念を実現していくことが期待される。

## 観光開発の問題点

高知大学農学部の学生が観光客に対して行ったアンケート調査によると、表2-7のように、ゴミ問題に関して、「ゴミは持ち帰った」との回答は二五%で、「決められた場所に分別して捨てた」との回答が七二%であった。[12] 大半が指定場所に捨てたとの回答であるが、ポイ捨てによって環境を損なったり、持ち帰る割合が少ないことから人口四千人強の西土佐村にとって二〇万人の観光客が出すゴミの処理は大きな負担となっている。

また、観光客に対する地元住民への調査では、「観光客の増加に対してどう思うか」という問いに対する回答では、「迷惑な面もありどちらともいえない」とする者が四五%と最も高い割合を占め、次いで、「活性化せず迷惑だ」とはっきりと否定する者が三三%を占めている。逆に、「お金が落ちて活性化する」との回答は一〇%、「交流によって活気が出た」は九%にとどまっている。[13] このように、住民の多くは観光客の増加がそのまま地域活性化に繫がるとは考えておらず、逆にゴミ問題やマナーの悪さが目につくために観光客に対しては悪いイメージが先行している。

現段階では、観光拠点整備による観光客の増加は、多くの住民から必ずしも好印象を得られていない。しかし他方では、相当数の住民は農林水産業と観光産業の複合による地域づくりについ

表 2-7　ゴミの処理について

| | |
|---|---|
| 決められた場所に分別して捨てた | 72% |
| 持ち帰った | 25% |
| 両方 | 2% |
| その辺に捨てた | 1% |

出所）加藤明人「四万十川中流域におけるグリーンツーリズムの可能性」，1999 年度高知大学農学森林科学科卒業論文

表 2-8　観光客が増えたことに対して，あなたはどう思いますか

| | |
|---|---|
| 観光による活性化の反面，ゴミ問題やマナーの悪さなど迷惑な面も多く，どちらともいえない | 45% |
| 観光客が増えただけでは，地域は活性化せず，むしろ騒音やゴミ問題など迷惑なだけだ | 33% |
| 観光客が地域に入り，そこにお金を落とすことにより地域の産業が活性化するので歓迎する | 10% |
| 都市など他地域の人々との交流によって地域が明るくなったり，活気が出てよい | 9% |
| その他 | 2% |

出所）小山亜希子「四万十川流域における山村観光と農林業の融合的発展に関する研究」，1999 年度高知大学大学院農学研究科修士論文

表 2-9　地域づくりにおいて重点をおくべき産業は何と思うか

| | |
|---|---|
| 農林水産業と観光産業の複合 | 50% |
| 農林水産業（一次産業）の複合 | 24% |
| 農業中心 | 12% |
| 林業中心 | 7% |
| その他 | 7% |
| 観光中心 | 1% |

出所）小山亜希子，表 2-8 に同じ

ては肯定的で、表2-9のように「地域づくりにおいて重点をおくべき産業は」という問いに対して、五〇％がそのように回答している。(14)

観光施設整備によって、地元にある程度の新しい雇用が創出されていることも事実である。諸施設を合計すると常勤で数十名、夏場など繁忙期には臨時・パート雇用でもさらに数十名の雇用が生まれており、多くは地元住民が採用されている。この点からいえば、地域活性化の一翼を担っていることは確かである。

観光客の増加は一定の経済効果をもたらしたが、「地元住民のための開発」という本来あるべき地域づくりにとっては、基幹産業である農林業との複合化（農家民宿、地域食材や特産品の開発、都市との交流・連携、産直活動等）が必要であり、そういう視点からは四万十楽舎や四万十ドラマ、あるいはかわらっこのような参加型開発は意義を持っている。

## 4 住民の内発力による流域保全と地域づくり

### 自治体主導から住民の内発的発展へ

行政主導型の問題点は、しばしば地域住民が自立するエンパワーメントを持たずに終わってしまうことにある。確かにこれまでは、このような事業体を起こす場合、人材的にも資金的にも民間では力不足であったことは否定できないであろう。このため自治体がコーディネートし適当な人材を見つけ、設備投資を行い、軌道に乗るまで赤字が出た場合の補塡も行ったり、様々な補助事業を使って運営面を援助する場合が現状では多い。

地域づくりと環境保全の両立をヒト、モノ、カネで考えた場合、これまで政策の多くは、いわゆる箱モノといわれるハード事業で終わっており、そういうモノをつくるためのカネは補助事業、公共事業として多額の投資が行われてきたが、投資に見合うだけの効果があったかどうか疑わしい事例も多くある。これは、単に政策的支援がモノづくりに終わってしまったと行政側を批判するだけでは解決されず、そういったモノとカネを十分に活かすことができる人材がいなかった地域としても責任があるといえよう。

地域づくりがうまくいった事例を紹介する時に、簡単にいうと「あの人が居たから成功した」としか説明できない場合がある。つまり人材が居るかどうか、居ない場合にはどのように育てるか、あるいは発掘するか、という課題が重要となろう。また、人材が居たとしても、公的な事業を行うためには必ず行政的なバックアップが必要となるであろう。現に、今回三つの事業体を調査するにあたって、それらの地区では地域づくりを自ら考えるグループがいくつか見られ、小規模ではあるが内発的に活動を行っているグループもあった。しかし、地域住民からこのような内発的活動の芽が出たとしても成長するのを待っているだけでは、資金不足などにより芽が枯れてしまうこともある。自治体はそういった活動の萌芽を見つけ、これまでのように施設整備などハード面に関する手助けとしての資金援助にとどまらず、軌道に乗るまでの運営面での資金的または人的資源の援助を当面行うことが必要であろう。また、そういった萌芽が見られない場合には、種をまくように、きっかけとしての事業を打ち出し、あくまできっかけのみが行政主導でその後は住民自らが考え、責任を持ち運営できるような形に誘導することが望ましい。

## 担い手の構築に向けて

流域の保全と地域づくりの両立を図る担い手像を考える場合、自治体であるとか第三セクターとか単独の主体を考えるのではなく、それぞれの主体が有機的に繋がり、いかにしてお互いを補完し合う形でのネットワークを形成できるのか、という点に主眼をおくべきであろう。先に述べたように行政がきっかけをつくったり、あるいは出てきた芽を育てたりする関係においてこのことは重要となる。つまり、行政と住民のパートナーシップという連携が必要となる。

また、広域にまたがる流域の保全を考える場合、市町村界を越えたレベルでの対策も必要である。流域内での連携をいかに図るか、という課題である。この面で、四万十ドラマの事例は、流域内の一部であるが他町村と連携を取っており、注目すべき事例といえよう。

都市民との関係、すなわちどのような交流を展開するかという点も重要である。交流する際には、お互いが何かを求め合い、何かを提供し合い、満足できることが必要であろう。単にイベントを行い都市部から人を呼んで一時的な経済効果を期待するものではない。イベントは単にきっかけであり、それを機会に都市民が何を求めて農村部に来るのか、いわゆるニーズを把握し、それに応えるべく商品化を図る必要があり、商品化に関するアイデアや技術に関する情報を仕入れることが重要である。また、交流を通じて地域外の視点から見ることによって、普段の何気ない生活の中にある価値の高い地域資源を見直すきっかけとなる。こうした交流活動は、四万十ドラマや四万十楽舎で体験学習としてすでに取り組まれているが、今後、受け入れを柔軟に対応し許容量を増加させるには農家民宿などの整備も視野に入れる必要があろう。ちなみに四万十川流域内で現在農林業体験や体験学習が行える農家民宿は数件を数えるのみである。

## 人材育成と四万十流域モンロー主義

現在、四万十川流域の森林のうち約七割が人の手によって植林された人工林である。この人工林は間伐が遅れており、放っておけば荒廃する一方である。このように、人の手を加えずに流域の保全は実現できない。また、地域資源の価値を考えた場合、利用できなければ価値として評価する必要のないものとなる。地域資源を持続的に利用するためには、その地域で資源を保全・培養し、循環的に生活を送ることができる「人」の存在が不可欠である。つまり、地域資源とは、土地や自然だけでなく、人そのものを含めて考える必要があるといえる。(15) 地域資源における人の価値を高めるには、ある面で都市民から力や知恵を借りる場合があるとしても、繰り返し述べるように、その地域に責任を持つべき住民の内発力を高める必要があるといえる。

ある日地元高知新聞への心強い投稿記事があった。以下に引用する。(16)

「その水を守り育ててきたのは誰か。水は天からという自然と、そこにある自然のように住み着いてきた定住の民だ。鋭くはあっても流域に定住しない者達の理屈だけでは、四万十川は守れない。(中略)手堅い、内に深い、大地に足をつけた、少し極端だが、象徴的にいえば一種の四万十流域のモンロー主義にして初めて、この川と流域は、傷つくことなく世界に開かれたものとなろう。」

現在経済的には非常に厳しく不利な状況にある流域住民であるが、このような考え方のもと、都市住民と対等に向き合い交流しながら情報をえて、基本的には地元住民自らが豊かな河川環境を維持しつつ地域資源の有効活用できる方法を考え、責任を持って実行してこそ流域保全と地域づくりの両立が実現できるのではないだろうか。

(1) 宮本昌博「四万十川の水環境と地域の再生」、中村市職員労働組合、一九八八年。

(2) 自治体レベルでは環境保護のための次のような対策がとられている。中村市では「四万十川対策室」を設けて川砂利採取対策に取り組み、中流の十和村周辺では家庭排水等を水路で活性炭などをもちいて浄化させるいわゆる「四万十川方式」を採用し、大野見村では合成洗剤追放運動を展開し、梼原町では二〇〇一年度から集落排水事業で下水処理対策を進めている。また、流域全体の組織として「四万十川総合保全機構」を設け、流域単位での清流保全キャンペーンや交流(森林ボランティアによる水源の森づくり)事業などを行っている。

(3) 桑名隆一郎・依光良三「清流と人と」、『土佐の川　全県編』高知県内水面漁業連合会、一九九二年、一二九〜一三一頁。

（4）朝日新聞、二〇〇〇年八月八日。
（5）朝日新聞、二〇〇〇年一二月一三日。
（6）CoC（Chain of Custody）認証とは、消費者に届くまでの加工・流通過程の工場や店舗の認証のことをいう。
（7）アンケートに関する詳細は次のレポートにまとめている。依光良三・溜口愛「梼原町におけるFSCの認証取得過程の意義と課題―住民意識の変化と参加に関する分析」、高知大学農学部附属演習林研究室、二〇〇一年。
（8）森林計画制度の見直しに伴って全国的には三機能分類が義務づけられたが、高知県は七機能（生物保護林、原生的森林、資源循環林、里山林、水辺林、景観林、その他環境保全林）とし、東津野村をモデル地区として、他に先んじて九九年度にゾーニングを実施した。
（9）鈴木文熹他『「国際化」時代の山村農林業問題』高知県緑の環境会議山村研究会、一九九五年三月。
（10）鈴木文熹他、前掲書。
（11）小山亜希子「四万十川流域における山村観光と農林業の融合的発展に関する研究」高知大学大学院農学研究科修士論文、二〇〇〇年三月。
（12）加藤明人「四万十川中流域におけるグリーンツーリズムの可能性」高知大学農学部森林科学科卒業論文、一九九九年三月。
（13）小山亜希子、前掲論文。
（14）小山亜希子、前掲論文。
（15）依光良三「西土佐村の地域づくりの現状と課題―新しい段階にどう対応するか―」四万十楽舎機関誌「ころばし」第二号、二〇〇一年六月。
（16）市川和男「四万十モンロー主義」高知新聞　所感雑感、二〇〇一年三月二八日。モンロー主義とは、第五代アメリカ合衆国大統領モンローが主張した欧米両大陸の相互不干渉主義。

＊第二節の栗栖祐子の分担は、文部科学省科学研究費補助金・基盤研究(B)(2)「山村地域の里山管理・利用における新たな主体形成」(代表者：井上真)により実施した調査に基づいている。

# 第三章　都市社会への移行と流域の環境保護

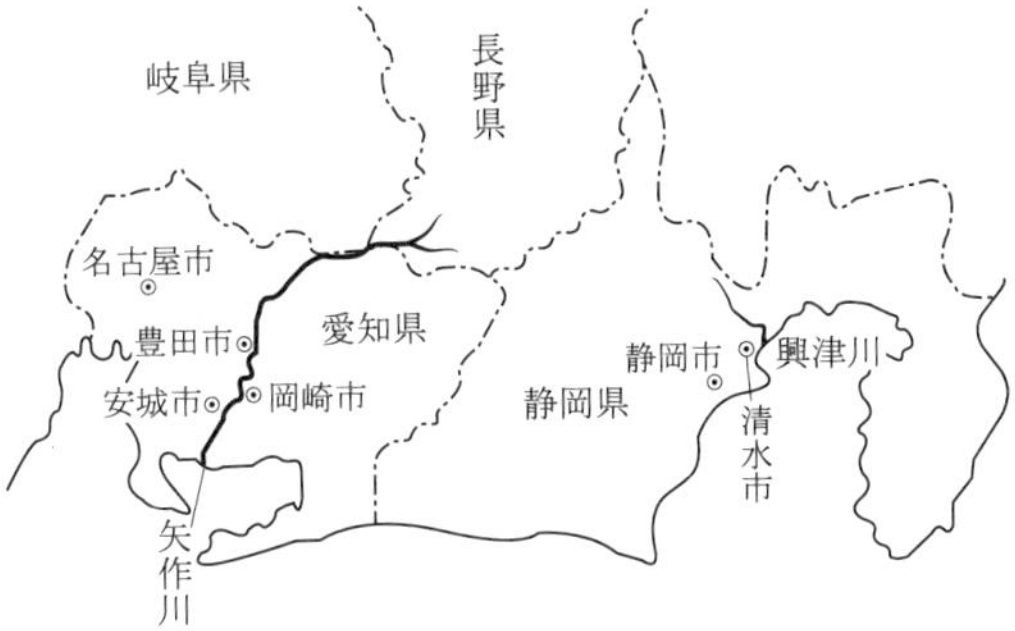

# 第一節　矢作川流域の清流保全

## 1　矢作川流域の特徴

### 発展する下流域

矢作《やはぎ》川は長野県山岳部中央アルプス南端（平谷村大川入山・根羽村茶臼山）に源を発し、豊田市を経て、三河平野を貫流し三河湾に注ぐ全長一一三キロメートルの中規模の一級河川である。その流域面積は一八・三万ヘクタールで、愛知・岐阜・長野の三県二八市町村にまたがる。

名古屋圏に立地する矢作川流域は、人口一四〇万人（一九九五年）を超える。そのうち豊田・岡崎・安城市などの下流都市域に九五％が集中し、流域の森林の八〇％を占める上流にはわずかに六万人と、人口密度が下流側に極端に偏っている流域である。九五年と六〇年とを比較してもわかるように、トヨタ自動車を筆頭に大企業が立地している下流域では豊田市周辺を中心に人口増加が著しく、豊田市においてはこの三五年間で人口が七倍にまで膨れあがっている。一方、上流域においてはこの三五年間に人口が増加した地域はなく、概ね半減しており、過疎・高齢化が進行している。また財政力指数をみると、上流域は平均〇・三に対し、下流域では一・〇〜一・五と下流域においては人口同様、豊かな財政力を誇っている。

## 表 3-1　矢作川流域の概況

| 町村名 | 人口 95年 | 60年 | 95/60 | 財政力指数 98年 | 行政面積 ha | 森林面積 ha | 森林率 % | 人工林率 % |
|---|---|---|---|---|---|---|---|---|
| 長野県平谷村 | 660 | 1,113 | 0.6 | 0.1 | 7,740 | 6,355 | 82 | 74.5 |
| 根羽村 | 1,522 | 3,056 | 0.5 | 0.1 | 8,995 | 7,899 | 87.8 | 46.7 |
| 岐阜県上矢作村 | 2,980 | 5,346 | 0.6 | 0.2 | 13,096 | 12,253 | 93.5 | 77 |
| 串原村 | 1,052 | 2,148 | 0.5 | 0.2 | 3,822 | 2,925 | 76.5 | 61.7 |
| 明智町 | 7,303 | 8,400 | 0.9 | 0.4 | 6,713 | 5,157 | 76.8 | 50.5 |
| 愛知県稲武町 | 3,317 | 5,591 | 0.6 | 0.4 | 9,863 | 4,386 | 44.5 | 91.2 |
| 津具村 | 1,777 | 3,596 | 0.5 | 0.2 | 5,313 | 4,386 | 82.6 | 91.2 |
| 設楽町 | 5,825 | 11,377 | 0.5 | 0.3 | 22,083 | 14,646 | 66.3 | 79 |
| 旭町 | 3,845 | 18,579 | 0.2 | 0.4 | 8,216 | 647 | 78.8 | 71 |
| 小原村 | 4,544 | 6,506 | 0.7 | 0.4 | 7,454 | 5,072 | 68 | 54.5 |
| 作手村 | 3,314 | 5,456 | 0.6 | 0.2 | 11,740 | 10,245 | 87.3 | 87.8 |
| 足助町 | 10,315 | 15,704 | 0.7 | 0.4 | 19,327 | 14,828 | 76.7 | 57.3 |
| 下山村 | 5,334 | 6,402 | 0.8 | 0.6 | 11,418 | 9,687 | 84.8 | 74.5 |
| 額田町 | 9,516 | 10,279 | 0.9 | 0.5 | 16,027 | 13,312 | 83.1 | 67.9 |
| 上流14町村合計 | 61,304 | 103,553 | 0.6 | | 151,807 | 111,799 | 77.8 | 70.3 |
| 藤岡町 | 15,370 | 5,467 | 2.8 | 1.0 | 6,558 | 4,647 | 70.9 | 35 |
| 豊田市 | 341,038 | 46,819 | 7.3 | 1.5 | 29,011 | 9,825 | 33.9 | 32.5 |
| 岡崎市 | 322,615 | 166,090 | 1.9 | 1.1 | 22,697 | 9,433 | 41.6 | 41.6 |
| 三好町 | 39,923 | 9,160 | 4.4 | 1.8 | 3,211 | 176 | 5.5 | 28.4 |
| 知立市 | 58,570 | 20,542 | 2.9 | 1.0 | 1,634 | 0 | 0 | 0 |
| 刈谷市 | 125,307 | 59,224 | 2.1 | 1.3 | 5,045 | 31 | 0.6 | 19.9 |
| 安城市 | 149,459 | 56,789 | 2.6 | 1.2 | 8,601 | 1 | 0 | 0 |
| 高浜市 | 36,028 | 20,856 | 1.7 | 1.0 | 1,300 | 0 | 0 | 0 |
| 碧南市 | 66,845 | 50,115 | 1.3 | 1.5 | 3,581 | 65 | 1.8 | 97.8 |
| 幸田町 | 32,711 | 16,467 | 2.0 | 1.2 | 5,678 | 2,319 | 40.8 | 30.3 |
| 吉良町 | 21,806 | 19,386 | 1.1 | 0.7 | 3,598 | 712 | 19.8 | 44.7 |
| 幡豆町 | 13,302 | 12,716 | 1.0 | 0.6 | 2,604 | 1,386 | 53.2 | 22.9 |
| 西尾市 | 98,765 | 67,592 | 1.5 | 1.0 | 7,578 | 186 | 2.5 | 24 |
| 一色町 | 24,816 | 23,033 | 1.1 | 0.6 | 2,239 | 43 | 1.9 | 22 |
| 下流14市町村合計 | 1,346,555 | 574,256 | 2.3 | | 103,335 | 28,824 | 19.5 | 28.5 |
| 28市町村流域合計 | 1,407,859 | 677,809 | 2.0 | | 255,142 | 140,624 | 48.6 | 49.4 |
| 下流人口の割合 | 96% | 85% | 上流面積の割合 | | 59% | 80% | | |

資料）1960年・1995年『世界農林業センサス市町村別統計書』愛知県・長野県・岐阜県

また産業は流域全体としては、下流を中心とした二次産業が盛んで、豊田市と岡崎市を中心に自動車産業・機械製造業の工業化と都市化が著しい地域である。現在、自動車工場群は豊田市・刈谷市を核に西三河全域に拡大し、藤岡町・幸田町・額田町・岡崎市の丘陵地へも工業立地がみられる。また下流には豊かな田園地帯も広がっている。矢作川の水は農業用水に引き込まれ広大な田畑（豊田市下流から右岸域の一万七〇〇〇ヘクタール）を潤し、安城市などはかつて「日本のデンマーク」と称されたほどの農業地帯でもある。河口のある一色町、吉良町、西尾市など三河沿岸には豊かな漁場が広がり、採貝、アオサ・ノリ・ウナギなど漁業や養殖が盛んに行われている。(1)

このように、矢作川流域は高度成長期以降、下流の発展がめざましいと同時に、流域の様々な暮らしが矢作川という一本の川でつながっており、水を通して上流の暮らしと下流の暮らしとの関わりが深い流域である。

## 矢作川流域の特徴

社会的・自然的条件から、流域の特徴として次の三つが挙げられる。

まず第一は、矢作川流域は、地質の約八〇％が雨にもろい花崗岩マサ土で占められているということである。花崗岩が風化した細かい粒子の土であるマサ土は、降雨などによって崩れやすく、下流に運ばれやすいことから、砂の供給が多く、下流は天井川が形成されている。そのため、矢作川は古くから人の営みの仕方によっては洪水や濁水の深刻な川となりやすいという特性をもっている。

第二に、河川利用率が非常に高いということである。前述したように、矢作川の下流域は大工業地帯であり、一大農業地帯である。そこには人口三〇万人級の都市が二つ（豊田市・岡崎市）あり、他の都市も成長過程にあることから水需要は大きい。高度成長期からの矢作川流域の水需要量は、七〇～八五年の一五年間で工業用水で四倍、生活用水は九倍、農業用水は三倍と大幅に増加している。この地域に農業・工業・上水道用水や電力を供給するため、矢作川本流の中上流部には明治用水頭首工（取水堰）および矢作ダムをはじめとする七つのダムが建設され、矢作川の水の大半は下流域で徹底的に利用されているといってよい。まさに、水なくして生きられぬ地域である。今後、地域がさらに発展するとすれば、水の確保如何が重要な鍵を握っている。

第三に、下流域の高い水需要量を受けて、上流域の森林の公益的機能・「緑のダム」としての役割が求められる流域ということである。流域の森林面積一三万六〇〇〇ヘクタールの八〇％が上流域に立地しており、その七〇％がスギ・ヒノキの人工林（長野県平谷村ではカラマツ林）となっている。人工林の蓄積量の高い上流域であるが、基幹産業であった林業従事者の減少・高齢化などに加え、森林所有者が都市部へ移住することで森林の手入れが放棄されたり、木材価格の長期低迷と人件費の上昇で、全森林面積の半数以上が植林や間伐などの手入れが行われなくなり、その荒廃が進行している。こうした荒廃によって、木材生産だけでなく、森林のもっている保水力・「緑のダム」機能の低下が進行しているのである。[2]

こうした三つの特徴に示されているように、矢作川流域では、矢作川の水を大量消費しており、下流域の発展のためにはその源である森林を含めた流域の環境保護が重要課題なのである。このような背景の下に、矢作川流域は、矢作川沿岸水質保全協議会（矢水協）による活発な清流保全運動が展開し、また森と水をめぐる上下流交流、連携も盛んなところである。独特の流域保全のための社会システムが形成されているところに最大の特徴が見出される。

## 2 「二〇〇〇年東海豪雨」の教訓と課題

### 東海豪雨災害のつめ跡

二〇〇〇年九月、東海地方を襲った集中豪雨は、その地方の人々を震撼させる大災害を引き起こした。日本付近に停滞していた秋雨前線の活動が一気に活発化し、一一日未明から愛知県・岐阜県東南部・長野県南部で降り始めた雨はその後次第に強まり、一二日まで降り続いた雨は連続雨量五九五ミリに達し、名古屋市内の新町川を氾濫させ、各所で住宅が水浸しとなり、山崩れ等による土砂災害などの大きな被害をもたらした。

名古屋市に隣接する矢作川流域でも、ダム上流約五〇四平方キロメートルの広大な山間地が豪雨に見舞われ、やはりかなりの災害がもたらされた。[3] まず最初に、その状況を矢作川の上流からみておこう。

矢作川の源流域に位置する長野県根羽村では、一一日から降り出した雨が一二日午前三時からの一時間に九〇ミリ（最大時間雨量）の激しい雨となり、連続雨量四一七ミリを記録した。この雨により、床上・床下浸水合わせて、六六戸、沢や川は一気に氾濫し、山林からの土砂や洗掘による国・県道の寸断（林道の寸断は八〇カ所）、停電、断水などライフラインは麻痺し、村民の日常生活に支障をきたした。村内の被害額は河川・道路・林道・耕地・水道等合わせて六四億円にものぼる。[4]

尾根筋から洞に沿って崩れた崩壊現場（根羽村）

「戦後、集中豪雨では初めての災害で、今回は五九年の伊勢湾台風による被害を大きく上回った」と昔を知る役場職員は語る。しかしそれにもかかわらず、幸い人命にかかわる事故がなかったことが唯一の救いだったといえるかもしれない。災害は水の恐ろしさと水の尊さを住民に充分に知らしめた。

今回の災害で最も大きな被害がでたのは、山林であった。源流域の根羽村と平谷村だけで、治山

根羽村小戸名地区の土石流災害現場．元は幅 2～3m 程度の小さな沢だったという

関係の被害額は実に四〇億円と推算されている。中でも最も多かったのは植林地の崩壊である。スギ植林地の崩壊が、これである。まるで緑の大地を爪で掻いたように赤茶色の地肌がむき出しになっている。八九～九二年にかけて緑資源公団によって植えられた一〇年生ほどのスギの幼樹の一部が、何百メートルにもわたって尾根筋から洞（谷）に沿って崩れ、山腹崩壊と土石流を引き起こした。

小戸名地区の現場に足を運んでみると、その崩壊被害がいかに規模の大きいものであったのかがわかる。山腹崩壊によって流された土砂や樹木は谷へ集中し、土石流を引き起こした。二カ月以上経ったとは思えないほどの当時の豪雨の凄まじさを生々しく残す作業道を歩いていくと、突然、幅二〇メートル、深さ一〇メートルほどにわたって地面が大きくえぐられた光景が目に飛び込んできた。目の前には数トン級の石がゴロゴロし、基岩がむき出しになっている。元々幅二メートルほどだったという沢が、その一〇倍以上になってしまったのである。その勢いは、立木をなぎ倒し、林道沿いに置いてあった間伐材やシイタケ生産用のほだ木なども飲み込み、それらを大量にダムへ流していった。面積の九二％を森林（八〇〇〇ヘクタール）が占める根羽村では、被害面積は三〇〜四〇ヘクタールで全森林面積の一％にも満たないものの、この現場の崩壊の凄まじさには言葉を失う。矢作川源流部にほど近い小戸名地区では八五ヘクタールの森林面積のうち三割にのぼる二六ヘクタールが崩壊したのである。

なぜ、このような崩壊が起きたのか。それは、この土地特有の地質によるものだった。この小戸名地区が位置する茶臼山一帯は、山崩れの起こりやすい花崗岩質である。地質が花崗岩の山地では、風化して雨水によって容易に崩れやすい風化砂層（マサ土）が生成され、水を含むと山崩れが起きやすい。その上、伐採・植林後、一〇〜一五年ぐらいが一番危ない。新たに植えられた苗はまだ小さいため、その根は前の世代に代わって充分土壌を押さえるだけの力にはなりえない。一方、伐採後の根株はこの時期には腐って地中に穴をあけ、大雨などが一度くると、もろく一気に崩壊を起こしやすいのである。いったん、崩壊が起き始めると沢沿いの山肌や、土石、樹木をさらに巻き込みながら大きな破壊力となって沢を崩していく、この地方で「なぎ倒し」とか「沢抜け」という大きな崩れにつながりやすいのである。

このような一〇〜一五年生程度の若齢林分がもっと多くあったら、被害はさらに大きかったであろう。それほど、マサ土地帯はもろく危険性を孕んでいるのである。また逆にマサ土地帯なのにもかかわらず、被害がよくこれくらいで済んだという見方もできる。植林後三〇年以上を経てしっかり根付き、山を覆い尽くした緑の樹幹が雨滴を緩和させて、土壌へのインパクトを最小限に抑えて崩壊を防いだ森林も多かったのである。森林の機能の重要性もまた再認識されたのかもしれない。もっとも、間伐が不十分な場合には、崩壊につながりやすいことは次項で述べる。

根羽村の崩壊現場は、皆伐を避け、複層林・二段林仕立てにし、大きい木を残しておけば、樹木の根のもつ土壌緊縛力によって、被害は防げたかもしれないということを語っている。マサ土地帯は、択伐で複層林化することや広葉樹との混植、沢沿いの広葉樹林化等、スギ・ヒノキのモノカルチュアの森から「モザイクの森」づくりを流域全体にわたって進めていかねばならないことを豪雨災害は大きな教訓として残していった。

## 露呈された間伐の遅れ

同じ頃、県境を挟んで根羽村と隣接する上矢作町でも、山から押し寄せた土砂・土石と流木が凄まじい状況をもたらしていた。山腹で崩壊を起こした土砂・土石や流木が洞（谷）へ集中し、量を増しながら、村内を流れる上村川をつたって市街地へ流入。濁流と流木・土砂は橋をまるごと流し、人家を直撃した。谷あいの町にうずたかく積み上がったおびただしい数の流木が、その激しさを物語る。

流域で豪雨の最も深いつめ跡を負ったのは、この矢作川の支流の一つ・上村川の源流域である岐阜県上矢作町である。町面積の九四%を森林が占め、豊富な山林資源を活かして東濃ヒノキの有数の産地として古くから林業が盛んな山村である。森林面積の約七割が民有林で、人工林は七～八齢級（三〇年～四〇年生）で全体の三五％を占めており、間伐を行うことが重要な齢級構成になっている。根羽村と同様、一一日二三時からの一時間に八〇ミリの最大時間雨量を記録し、降り始めからの総雨量は四三七ミリとなった。

今回の災害の特徴は、普段は穏やかな小さな沢が、豪雨により急峻山地から急激に下り町内を流れる上村川に注いだため、水位が急速に上昇し、予想以上の水害を引き起こした。町内では、死者一名、床上床下浸水合わせて六二戸、民家や田んぼが流出（一一戸）したり、河岸決壊による道路流出、土石流による道路寸断、濁流と流木・土砂が橋や家屋を潰し、土石流が人家を直撃するなど、甚大な被害をもたらした。被害額は、町内施設・農地・農林水産物・林道（七億）被害だけでも二八億円に達し、治山の被害額は、道路・国有林・河川を除く判明分だけでも三五億円にものぼるという。(5)

民家を襲った流木と土砂（上矢作町）

上矢作町でこれだけの被害をもたらしたものは、

流木と土砂で損壊した橋（上矢作町）

沢抜け現場（上矢作町）

土砂とともに根こそぎ流された流木であった。山腹で崩壊を起こした土砂・土石や流木が洞（谷）へ集中し、量を増しながら、村内を流れる上村川をつたって市街地へ流入。家屋を直撃したり、村内の橋のいくつかが流されたり何かしらの損壊を受け、「流木災害」といわれるほどの深刻な被害がもたらされた。

町内での山腹崩壊数は把握されている分だけで一五〇カ所、沢抜けは六〇カ所にものぼり、面積にして約二〇ヘクタールに及ぶ。これらの起点はどこであったのだろうか。それはスギ・ヒノキの人工林であり、町の調べによると崩壊地は三五年生までの林分が全体の七割強を占め、その半数以上が私有林の未間伐の過密林に集中していることがわかった。

今回の豪雨は、上矢作町においては間伐の遅れを露呈した結果となった。徹底的な間伐の実施が急務であることを豪雨は教えてくれた。

### 危機的状況に陥った矢作ダムと下流域

一方、矢作ダムのある旭町では、ダムからの放水により幼稚園が流出し、矢作川には焦げ茶色の濁流が荒れ狂った。下流域の岡崎市などでは支流が破堤し、越流により広範囲で床下浸水した。また豊田市でもかなりの民家の浸水被害をだし、本流の堤防が決壊寸前の状態になるなど危機的状況に陥った。

河口から八〇キロメートル上流にある流域最大の矢作ダムは、一二日午前七時前後の数時間洪

矢作ダム湖を埋め尽くす流木（旭町）

水ゲート七門のすべてを開け、毎秒二〇〇〇トン前後の水を放流し続けた。ピーク時の放流量は二四〇〇トンに達し、ダム近隣の民家では地響きが続き旭町での災害は、ダム放水運用のミスにあるとして住民からの訴訟問題になっている。

また、上流の山村に深刻な被害をもたらした大量の土砂と流木は、川を下りながら淵を埋め、ダムの湖面を覆い尽くした。すなわち、上流の山々から集まった大量の水だけでなく、おびただしい量の土砂や流木も押し寄せたのである。豪雨が去った後の湖面は四万立方メートルにものぼる流木で一面覆われていた。豪雨の凄まじさを改めて感じる。流木一立方メートル引き上げるのに一万円、すべて引き上げるのに四億円もの費用にのぼるという。その上、さらに流木の処理にも一立方メートルあたり一万円程度と、多大な費用を要する。また、推定で一二〇万立方メートルという大量の土砂流入により、ダム湖内約四・四キロメートルにわたって河床が七～一〇メートルほど上がった。ダムの土砂堆砂量は年間およそ一〇万立方メートルということから、たった一度で一〇年分以上貯まったことになる。

## 豪雨災害が残した課題

豪雨は、上流域では数百カ所に及ぶ植林地（とくに未間伐林）の山腹崩壊や沢抜けを引き起こし、中上流部での災害ばかりか、下流域でも豊田市、岡崎市を中心に大洪水災害寸前の危機的状況に至っていたのである。これがもし、台風が周辺を通過していたならば、樹木が強風で揺すられることによって沢抜けばかりでなく、山腹崩壊が多数発生し、さらに大量の土砂と流木が流域を襲ったことであろう。

この流域は、もともと雨に非常にもろいマサ土地帯である。山の崩壊の危険性は以前から指摘されていたが、この豪雨災害によって森林の適切な管理と整備の重要性を有識者は認識することとなった。市民も含めた流域の人々全体が認識しているとは限らないが、何年後か、あるいはもう少し長いスパンかもしれないが、確実にやってくる集中豪雨や台風に備えた森林整備・森づくりの必要性を改めて知らせる教訓となった。

このように、矢作川流域では、今後、生命、生活の安全性の確保・流域の環境保護の視点から、山林整備（間伐の徹底ばかりでなく、河畔林、渓畔林そしてモザイクの森づくり）が大きな課題となっている。

# 第二節　矢水協運動による清流再生の道程

## 1　清流保全運動の開始から再生へ

矢作川流域の環境保護の歴史をさかのぼってみると、表3-2に示すように、最初に課題となったのは、安全性（災害対策）と水質保全（濁水対策）の二つの視点であった。また、高度成長期においては、下流域の都市化・工業化に伴って垂れ流しによる濁水問題が深刻なものとなり、下流住民（農民、漁民）主導によって水質保全の運動が、対資本の関係のもとにおいて極めて積極果敢に展開した。この住民の運動は、やがて行政をも動かし、「矢作川方式」といわれる名高い環境保護の社会システムの構築につながった。その成果は日本の流域保全史上、住民主導による最も先進的な地域として位置づけられるようになったほどである。そこで、本項では矢作川流域における環境保護システムの形成過程と課題について述べる。

なお、歴史的な流れをまとめるにあたっては、矢作川沿岸水質保全対策協議会の『流域は一つ矢作川運命共同体浄化運動―30年報道集』（一九九九年）並びに清水協著「矢作川水源の森」、『水源の森は都市の森』（一九九四年、銀河書房編）三四―九五頁などを参考にさせていただいた。

表 3-2　矢作川流域における環境保全の流れと連携の動向

明治期～昭和戦前期

災害と濁水対策

1881 年　明治用水通水開始

山林荒廃により洪水災害・用水汚濁・土砂流出多発

↓

明治用水による水源林造成開始

（戦前期，治水・治山事業によって，荒廃地復旧）

⇩

高度成長期

（1960 年代前半

～70 年代半ば）

【対立の時代】

水質の悪化対策

流域の都市化・工業化

↓

宅地・工業団地造成・土石採取泥水と工業廃水垂れ流し問題発生

↓

被害を受けた農民，漁民と矢水協による水質浄化運動展開

↓

「水濁法」により，汚水汚濁と工場廃水汚濁問題の改善

⇩

1970 年代半ば

～80 年代前半

【協調の時代】

水質保全

上流でのゴルフ場等の林地開発（9 カ所）による汚濁公害問題浮上

↓

積極的な上下流交流で理解を深めながらの川を汚さない開発のあり方の模索と下流住民による水質浄化運動展開

↓

民間団体主導の水質保全と浄化のためのシステム「矢作川方式」定着

⇩

1980 年代前半

～90 年代末まで

【多様な流域環境保全支援システムの確立】

水質＋水量確保

矢作川方式の定着と矢流振設立により交流がさらに深まる

「流域は一つ．運命共同体」の意識が芽生えはじめる

都市化・工業化による水需要の増大

↓

分収方式等による水源林造成の展開

（'91「矢作川水源の森」分収育林契約締結＝全国初の森林整備協定）

基金（'84 矢作川水源基金・'96 豊田市水道水源保全基金）創設

⇩

2000 年～

【新たな上下流連携の必要性】

水質＋水量＋安全性確保

東海豪雨発生：上流域での流木災害と土砂流出，

中下流域でも危機的状況

↓

流域全体での安全対策が問われる

上流の山では水源としてのみならず，安全性対策も含め，

間伐の実施，渓畔林の整備，モザイクの森づくりが必要

## 一〇〇年前から水源林造成へ

矢作川流域は、高度成長期、水質汚濁に直面し水質浄化運動が開始され、そこから行政とのパートナーシップのもとに「矢作川方式」と呼ばれる全国に先駆ける水質保全と浄化のためのシステムが民間団体主導の運動から発展的につくられていった地域である。この全国でも最も進んだ流域環境保全への取り組みの経過をみると、そこにおいて明治用水土地改良区の果たした役割は大きい。

明治用水土地改良区（以下、明治用水）は一八八一（明治一三）年に完成した農業用水路（明治用水）の維持管理を行う、地域の農業者（組合員）一万四〇〇〇人の出資によって賄われる公益団体である。用水完成以前の三河平野は不毛の原野であったが、通水後、次々と開拓され美田となり、大正期から昭和初期にかけては農業の多角化も進み、安城市一帯は「日本のデンマーク」と称されるほどの先進農業地帯に変貌を遂げた。明治用水は、矢作川から取水し、水路の総延長三二〇キロメートル、受益面積は工業化・都市化で減少したものの、愛知県の中央部である安城市を中心に西三河八市（安城市・岡崎市・豊田市・知立市・刈谷市・高浜市・碧南市・西尾市）約六四〇〇ヘクタールの農地を灌漑するとともに、幹線水路などを供用し、工業用水や上水道としても使用されている。

明治用水は完成後早い時期から上流部の山林に関心をもっており、矢作川の水源涵養は組合員の責務であり、流水は地域全体の生命線であるとの観点から、明治末期から大正期にかけて、上流山林の地上権あるいは所有権を獲得し植林を始めている。明治期から全国で山林荒廃により、洪水災害、用水汚濁、土砂流出が多発し、治山治水事業によって荒廃地の復旧が徐々に図られてきた。矢作川流域でも、上流域で窯業などのために長期間にわたる無計画な森林乱伐による禿げ山化は、災害や汚濁問題等の環境悪化を引き起こしていた。こうしたことを背景に明治用水は、「水を使う者は、自ら水を作るべきだ」との理念のもとに、灌漑事業を行う水利団体でありながら、一九〇八（明治四一）年に地上権を設定して造林に乗り出した。これを手始めに、上流域の山林を購入し、植林活動を展開していった（根羽村四二七ヘクタール、平谷村三六ヘクタール、下山村五五ヘクタールを中心に合計五二五ヘクタール）。(6)

## 白濁の川をめぐる対立―資本対農民、漁民の対立の構図

戦後の経済発展が工業を中心に進められていく中で、一九六〇年代の高度経済成長期には、自動車製造業・機械金属工業が急速な発展をとげる。豊田市、岡崎市を中心に自動車産業を中核とする企業が次々と進出し、急激な工業化と都市化が進められ、工場立地、宅地造成など用途の変更を伴う土地利用の転換がみられた。

また、この地域における都市化や工業化の進展は、窯業原料や建築資材のための山砂利や砂の需要も増大させた。その需要を満たすため、マサ土の宝庫である流域では、山砂利採取業者や陶土採取業者が上流の山を切り崩すことに狂奔した。最盛期には、流域で一三〇を越す窯業原料業

者、山砂利業者が山を削り取って、山土の中から陶磁器、硅砂（山砂利）、ガラスなどの原料を取り出し、それらを洗った後の水（泥水）をそのまま川へ垂れ流していった。この泥水の垂れ流しによって、清流であった矢作川は、水面下二～三センチメートルまでしか見えないほど白濁化し、急速に汚染が進行していった。加えて、豊田・岡崎を中心とする生活の高度化による都市生活排水と自動車関連・機械・金属工場から不法に流される六価クロム、シアン（青酸）などの有害物質を含んだ未処理の工業廃水が流れ込み、矢作川の水質は一気に悪化した。

こうした流域における山砂利採取、工業廃水に加えて、急増する宅地等の開発に伴う汚濁水の垂れ流しは、川の汚染を深刻化させた。そして、それは沿岸一帯の漁業や農業に大きな被害を及ぼすようになる。矢作川が流れ込む三河湾は昔からアサリ漁やノリ養殖が盛んであるが、川の汚濁はそれらに大打撃を与えた。下流から沿岸にかけてはヘドロが堆積してアサリが全滅し、粒子の細かいマサ土はノリ網に付着してノリを枯死させ、清流に生きるアユにとっても生息できる状況ではなくなり、流域の垂れ流しによる矛盾が「死の川」といってよいほどの環境破壊をもたらした。農業では、農業用水から流れ込んだ汚水が水田の富栄養化を引き起こし、稲の根腐れや米が黒く変色するなどの被害を与え、農民は今まで使用していた水をそのままでは使えなくなっていた。

こうした被害に対して、一九六二年には、明治用水などの農民団体や河口の一色町などの漁民団体が立ち上がった。農民や漁民は、事が直接生活に関わるだけに、汚濁発生源となる業者やその自治体に対し直接要請を行うようになった。都市化・工業化の波を受け河川汚濁を引き起こす加害者（資本）とその被害者（農民、漁民）との間に激しい対立が起こったのである。

農民、漁民らは夜になると、疑わしい工場や採取現場などのパトロールを始めた。陶磁器の原料をつくる工場からは、白い泥水が大量に流されていた。そして自治体や県などに陳情し、対策を求めた。しかし、当時は経済成長のための企業優先、経済優先の時代であった。行政側は「法規制がない」ことを理由に対応が鈍く、汚染源の企業なども「本当にうちかどうかは分からない」等、責任逃れに終始した。また当初、農漁民は、各団体別々に、抗議行動を行い巨大な力への対抗力の形成までには至っていなかった。川は相変わらず濁り続け、これを取り締まるべき法律は強制力を持たず、経済優先論理の前には個々の農民や漁民らによる公害闘争は無力であった。

こうした中で、農漁民の間では個々の運動では弱いことが認識され、公害闘争のための連合組織をつくろうという機運が盛り上がっていったのは、むしろ当然であったといえよう。また、この頃「川からいやなにおいがする」、「水を飲むと吐き気がする」との苦情も相次ぎ、下流域の住民の間にも危機意識が高まっていた。そして、当時農民団体の先頭に立ち、運動の中心的役割を果たしていた明治用水職員、内藤連三氏らは、漁民団体などに働きかけ、抗議と水質浄化のための組織の結成をはかる。

川の汚染がピークに達した六九年、明治用水を含む五つの水利団体、一つの農協、河口部の七つの漁業組合、それに矢作川の水を飲料水として取水する豊田、岡崎、碧南、吉良、一色の各市町村（上水道部局）のあわせて一八団体が参加して、矢作川の水質浄化を目的に、矢作川沿岸水質保全対策協議会（通称、矢水協）が結成された。構成メンバーを見ても分かるように、運動とは距離を置きたがる行政を内部に引き入れている。それは、「役所を巻き込まなければ、問題の現実的な解決は無理」との矢水協を引っ張る内藤氏の判断に基づくものであった。(7)

以降、矢水協は強力な抗議活動による水質浄化運動を展開し、汚濁問題の解決に向けて大きく前進させていった。ここにおいて、民間諸団体と行政とのパートナーシップが築かれ、環境を無視した資本の論理という巨大な力への対抗力が次第に形成されていくのである。むろん、対抗力の形成が七〇年代初頭に実体化する過程においては、個人的な大変な努力と組織間の協力、そして法制度の整備という道のりを経ていることはいうまでもない。以下にその過程を、「三〇年報道集」(8)をもとに振り返っておこう。

## 矢水協による水質浄化運動の展開

矢水協がまず行ったのは汚水源をつきとめるためのパトロールである。自動車関連工場からの汚水ばかりでなく、山砂利採取の洗浄水による泥水はマサ土地帯の矢作川の特性でもあり、最大の汚染源であった。業者の中には〝タヌキ穴〟と呼ばれた川へ通じる隠し排水口を設け、夜中にこっそりヘドロの混じった汚水を垂れ流したり、水質基準を守らないものもいた。これに対し、パトロール部隊（「フクロウ部隊」）が結成され、昼夜を問わず、硅砂や山砂利採取現場を見て回り、ヘドロの垂れ流し現場などを8ミリカメラや写真に撮ったり、排水設備や被害状況などを調査した。陶磁器の原料をつくる工場からは白い泥水が大量に流され、金属工場の廃水からは銅などの有害物質も検出された。こうして矢作川の汚濁の実態は、川の監視とパトロールにより集められた証拠データとして明るみに出た。

このデータをもとに、矢水協による業者への抗議活動がはじめられた。汚水の垂れ流しを見つけると、その都度、工場へ乗り込んで施設の改善方を求めた。また、豊田市などの自治体も業者を対象に水質浄化勉強会を開催し始めた。しかし、高度成長まっただ中の当時は経済優先の考え方が根強く、法的整備も不十分だったため、環境保護への業者の意識は低く、実際の効果はあがらなかった。

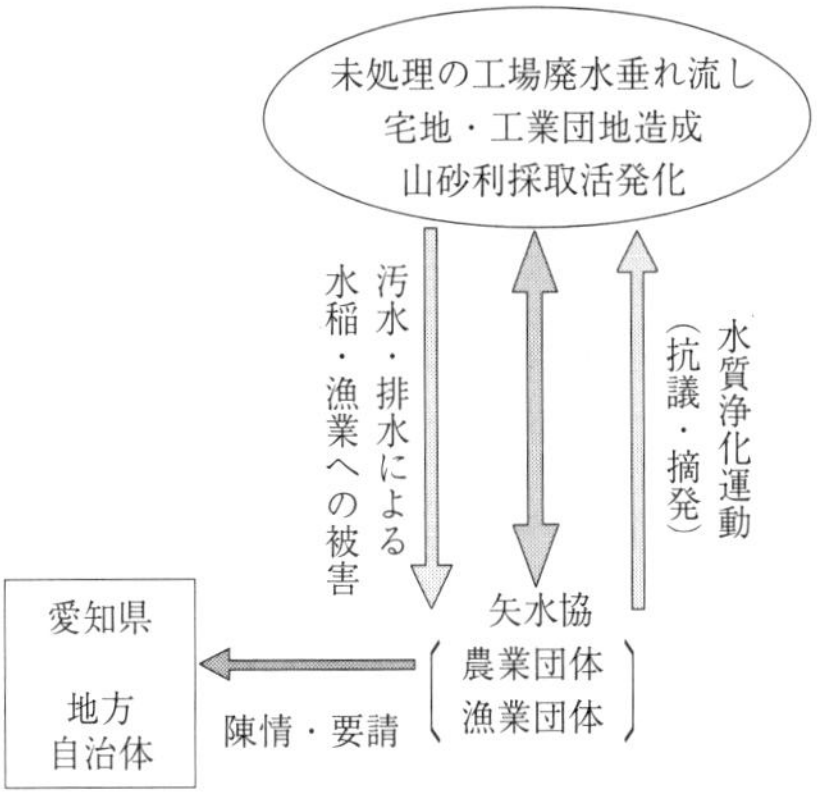

図 3-1　高度成長期の矢作川をめぐる対立

まだ工場廃水への規制がほとんどなかったこの時代、矢水協代表の内藤氏は水質を守るための法的規制を求めて国（当時、環境庁はなかったため、経済企画庁）に矢作川へ水質保全の法の網をかぶせることを求める陳情書を提出した（六九年）。しかし、経済成長のための企業優先、経済優先の論理のもとには環境への配慮はみじんもなく、陳情は聞き入れられなかった。

ようやく、一九七〇年になると、こうした矢水協の地道でねばり強い運動と前年の木曽川での廃油によるアユ大量死をきっかけに盛り上がった水質浄化世論に応える形で、経済企画庁と愛知県によって矢作川に水質保全法に基づく排水基準が設けられた。これは、トヨタ本社など機械・金属・硅砂工場など流域の主な工場のほとんどを規制対象（八業種一九二工場）に義務づけた厳しい排水基準である。ところが、この法には罰則規定がなかったため、悪質業者による垂れ流しは一向に収まらず、矢水協の運動は、こうした業者を野放しにし、排水基準に基づく行政指導が〝カラ念仏〟に止まっている県に対して厳しい行政指導の徹底を申し入れたり、悪質業者を告発するだけでなく業者に改善と理解を求める運動を粘り強く続けていった。

## 水濁法による摘発で汚濁問題の改善へ

このように当時の矢水協の水質浄化運動は困難を極めていたといえるが、行政への陳情や垂れ流し現場を毎晩パトロールし、業者へ改善要求をするといった地道な活動は、山砂利業者が集中している上流の岐阜県に謝罪させ監視体制を強化させたり、業者に垂れ流しを自粛させ、こっそり作っていた〝タヌキ穴〟を生コンで埋めさせるなど徐々に行政や業者を動かしていった。そして国もその熱心な活動にやっと重い腰をあげ、水質汚濁防止法の整備を始めた。

七一年、それまでの水質保全法と工場排水規制法を合わせた法律として、水質汚濁防止法（以下、水濁法）が施行された。この頃、工場から流された有機水銀による水俣病など公害問題が全国で社会問題化し、その対策として、国が基準を超える工場廃水などに対して、初めて設けた罰則規定である。

当時、矢水協の抗議に対して悪質な山砂利業者らは、「わしらも生活がかかっているんでね」を繰り返すばかりであった。こうした業者らに対し、内藤氏は「彼らは矢作川の自然をどんなに破壊・収奪しても、洗浄用の水があり、土を掘りヘドロを川に流してしまえば、生産活動に支障はない。しかし、農漁民にとっては、四季循環する自然そのものが生産手段であり、生活の命である」と話す。(9)

水濁法施行から一年後の七二年六月、矢水協は五〇〇〇枚を越す写真など足を使って集めた膨大なデータをもとに、いくら抗議しても汚水の垂れ流しをやめない悪質な山砂利業者を水濁法違反で愛知県警に告発した。水濁法による全国初の告発であった。経営規模は小さくてもお金をかけ、しっかり排水処理をやっている業者もいる一方で、横着業者がいつになっても安上がり処理で得をしているという現状に下流側からの反発が強まり、住民運動が横着業者を追いつめた結果となった。その後も矢水協は、単なる公害反対闘争ではなく、あくまで法を守らせるという立場で、水濁法を盾に遵法闘争を展開していった。

「非常に厳しい追及を受けた業者らの間で『矢作川へ行ったら、えらい目に遭うぞ』ということが広まり、悪質業者がだんだんとどこかへ消えていった、というのが現状ではないか」と内藤氏は話す。(10) そうした中で、悪質な上流の山砂利採取業者も次第に河川浄化の方向に歩み寄っていった。一方、工場廃水についても同様に各企業へ水濁法の遵守が訴え続けられた。七二年の水濁法の施行以降、企業は徐々に水処理施設を設置するようになり、自動車関連工場からの廃水汚染も改善されていった。

こうした矢水協の運動と水濁法の効果に七四年オイルショック以降の経済的な不況も重なり、徐々に水質の回復が見られるようになっていった。当時（七三〜七五年）の新聞には、「川底の石がくっきり見えた」り、「かつての〝ドブ川〟でシジミがとれるようになる」、「一〇年ぶりに白魚が水揚げされた」など川の水質の改善を象徴する記事が目立つ。こうして、高度成長期の都市化・工業化による矢作川の汚濁問題は大幅な改善が見られた。

## 2　上下流の対話・交流への展開

七〇年代半ば、水濁法による摘発で、土石採取汚水と自動車産業関係の工場排水汚濁問題が一段落するものの、上流の過疎対策としてのゴルフ場開発による汚濁問題が浮上し、これをきっかけに、矢水協の活動は抗議・摘発ないしは「被害告発型」運動から上下流の立場を理解し合う対話路線への広がりを見せるようになった。

つまり、それまでの［資本対農・漁民］という対立の構図から、開発資本はからむものの過疎対策視点が強まることによって［山村対農・漁民］という対立の構図に中心軸が変化するのである。上流山村でのゴルフ場開発問題を契機に、本音をもぶつけ合う積極的な上下流交流を通じた協調による川を汚さない開発のあり方が模索されはじめ、信頼関係の醸成とともに、次第に「流域は一つ。運命共同体」の意識が育っていった。そしてそれによって、後に「矢作川方式」と呼ばれる全国に先駆ける水質保全と浄化のためのシステムが定着していく。戦後第二期に当たるこの時期の動向について以下にみておこう。

## ゴルフ場開発問題から上下流提携へ

山砂利業者の摘発、工場の水処理施設設置により、水質は徐々に改善されていった。しかし、それも束の間、また川が濁り始めた。上流域で始まったゴルフ場の開発ラッシュである。その頃、長野県の平谷村と根羽村、岐阜県明智町など上流地域九カ所でゴルフ場造成が行われ、宅地造成（豊田市・足助町を中心に七カ所）と合わせて八二〇ヘクタール以上に及ぶ開発が、汚水防止がなされずに行われていた。一度に広範囲にわたって山肌を削る大規模な開発は、マサ土地帯であるが故に降雨によって大量の土砂を川へ流入させた。とくに七四年の豪雨時のそれはひどく、濁水は川を下り、河口の一色町を中心にアサリが大量に窒息死する被害を出した。

矢水協は、これら上流のゴルフ場開発現場に押し掛け、造成中の業者に土砂排除を要求し、村行政当局にも環境破壊を黙認したとして強く抗議をする。当時源流域の平谷村、根羽村では、列島改造ブーム期に企画されたゴルフ場の建設が行われていた。平谷村の建設現場では、源流地域であることを意識しないずさんな工事が一二〇ヘクタールにわたって行われ、下流の農業や沿岸漁業に大きな被害を与えていた。根羽村も同様であった。

一方、「落ち込む林業の穴埋めは観光で」と期待していた村役場や村人の多くは、下流からの抗議に対して、強い反感を抱いていた。当時、「鬼の内藤」と言われたほどの矢水協の内藤氏の体当たりの抗議に、村はあわてふためくばかりだったという。村にとって、ゴルフ場開発は、過疎対策として、ようやく見つけた地域活性化の切り札だった。木材は売れず、働く場もない、ヒト・モノ・カネは下流にはどんどん蓄積されていくのに対して、上流部はそれらの流出と空洞化が進むばかりの苦しい状況にあった。下流側も山村での見聞を通じてこの状況を知るに至り、お互いの立場を理解しあって対話と協調による環境改善へと転換を図ることとなった。

このことは、矢水協を中心とする初期の運動が、高度成長期の「巨大な力」による矛盾に対抗するものであり、また、山村も同様に高度成長期の日本資本主義の「巨大な力」の犠牲による矛盾からの脱却という、根っこを同一とするものへの生活をかけた挑戦や試みであったこと、このことが、やがてお互いを理解させる元となっていったのである。

当時、矢水協は、上流住民との話し合いの中で、彼らの求めるものが何であるかを理解しようと努めた。将来、矢作川を背負って立つ子供達がいつまでも従来のように上流と下流がいがみ合っていても問題は解決しない。一色町の漁協の人々は七八年に根羽村の小学生を潮干狩りへと招待する。また矢水協は、鮮魚を食べる機会が少ないという村人のために、朝の二時か三時頃に起きて魚市場で三河湾の取れたてのイワシを購入し、かつては座り込んだ村役場の前などで〝朝市〟を開き、原価でそれらを配ったりもした。上流の人々も、次第にアオサやノリで生活している漁村の暮らしをわかってくれるようになる。土砂の流出を防ぐための防災工事の実施などによって、ゴルフ場建設問題が解決するなか、村民と下流域の人々の気持ちは、次第に打ち解けていく。

この頃には、行政レベルでも上流と下流の自治体が水質浄化に向けて話し合いをもつなど、県境を越えた取り組みが行われるようになる。

こうして互いに心を開き合った結果、七七年、それまで山砂利採取とそれによる川の汚濁をめぐり反目しあっていた窯業者の集中する上流・明智町と養殖が盛んな河口部・一色町が姉妹提携を結んだ。また「いずれ経済的に発展している下流が、上流を助ける時も来るから、まずは互いに協力して」との矢水協の呼びかけに応じた根羽村や平谷村も、七九年矢水協に加入した。これを契機に上流と下流との提携が進み、矢水協への参加団体も流域のほとんどの自治体を包括するにいたった。

矢水協を介した上下流交流は、その後もさらに深まっていく。上流住民が潮干狩り招待のお礼にトウモロコシなど農産物や山菜を下流へ届けたり、上流を訪れた漁協の婦人部の人達には、山菜や漬け物など、山里ならではの食べ物が振る舞われる。また上流の子供達は、その後も毎年行われるようになった海への招待のお礼として河川清掃などを行うようになり、下流の子供達が山村へキャンプに訪れたりするようになる。こうして住民間での積極的な上下流交流は毎年行われるようになった（七〇年代半ばから八〇年代前半にかけてこうした交流記事が新聞を賑わせている）。これらの交流はすべてお互いに理解し、理解されることを願ってのことである。こうして、上下流が手を結び水を大切にしようとする意識が高まっていった。

## 「秩序ある開発」を求めて

水質汚濁問題の改善とともに、矢水協の活動は設立当初からのパトロールによる濁水発生源の調査・告発、市町村への対策の要請といった運動から、上下流交流による合意形成といった運動形態に変わってきた。そして、活発な上下流交流が行われ互いの理解から川を汚さない開発のあり方を模索する動きと並行して、矢水協の地道な活動と考え方が評価され、乱開発の事前規制に矢水協が直接関与できるようなシステムがつくられていき、その活動は秩序ある開発への誘導など、より幅広いものとなっていった。(11)

ところで、八〇年に県の認可を受けた岡崎市の土石採取現場で、義務づけられている防災用沈砂地が不備な上、搬出ルートが開発認可の条件と異なるなどの行為で、雨によって土砂が流出し、汚濁を引き起こす事件が発生した。これに対し、「住民の意向を無視して県が開発を許可した結果、でたらめな土石採取が行われている」と矢水協が県に抗議した。矢水協と愛知県の間では七四年に、矢作川流域で新たに工場を建設する企業や開発業者らに、〇・三ヘクタール以上の開発行為については、矢水協に届け出を、二〇ヘクタール以上の大規模開発については事前に矢水協と協議し同意を得ることを認可条件として必要とする旨の「紳士協定」が結ばれていた。紳士協定を事実上無視した県の姿勢に矢水協が抗議した形となり、この一件をきっかけに、「紳士協定」の内容が徹底され、「矢作川方式」と呼ばれる水質保全を中心とするシステムがつくられ、定着していく。

愛知県は無秩序な乱開発を規制し大規模な開発を事前にチェックするため、条例によって「開発業者は一ヘクタール以上の開発をしようとする場合、開発申請書を県へ提出する」ことを義務づけている。一方、県は申請内容について関係市町村へ意見を求め、その意見を参考にして最終的に知事が認可することになっている。ところが、矢作川流域では〇・三ヘクタール以上の開発行為から県へ申請し、その申請書が関係市町村を通じて矢水協にも回ってくる。矢水協は業者から開発の内容、公害防止対策を詳しく聞き、役員会で同意・不同意を決定、その旨を県へ回答する。「この開発が本当に必要なものかどうか。そして水質をきれいにするための対策がきちんととられているかどうか」などを審議して、「同意が得られた場合のみ、県がこの開発を許可する」という、画期的なシステムが矢作川流域ではとられているのである。(12)

この事前協議システムは、法律や県条例に定められているわけではなく、あくまで任意であるが、今では、矢水協との事前協議を抜きにして開発の許可はあり得ないほどの力量をもつに至っている。農・漁業団体や保護グループだけでなく、流域のすべての市町村が矢水協に参加し、県行政も指導要綱に定めるなど、矢作川の水質保全・環境保護に向けてのパートナーシップ体制が築かれたことが、そうした高い力量につながっているのである。

矢水協が開発行為に関わった協議の件数は、七〇年代までは年間一〇〇件ほどであったが、八〇年代半ばから再び、高度経済成長期以来の開発ブームをむかえ、バブル経済の中でこの傾向はさらに大きくなり、九〇年には協議件数が三七〇件（面積にして二五〇〇ヘクタール以上）、その後、バブル経済が崩壊し、現在は一〇〇〜一五〇件（面積にして一〇〇〇ヘクタールほど）で推移している。[13]

## 3 「矢作川方式」の特徴と内容

流域における矢水協の水質保全パトロール・指導、開発手続における協議とそこへの流域住民の参加、そして学習・交流といった矢水協を核とした水質保全活動全体が、今日一般に「矢作川方式」と呼ばれ、流域の社会的合意の形成と環境保護を実践するシステムとして定着している。こうした矢水協の一連の活動である「矢作川方式」は、全国的にも高い評価を得ており、九九年には、「日本水大賞」の第一回グランプリを受賞している。

矢作川流域では八〇年から環境アセスメントの実施を指導しており、八四年の国アセスメント、八六年の県アセスメントよりも早い時期に、国や県の基準よりも厳しく開発の影響を評価し、事前のチェックと協議に加えて工事中、工事後の状況に至るまで環境への影響を監視するところも「矢作川方式」の特徴である。全国に先駆ける水質保全と浄化のためのこのシステムは、行政と

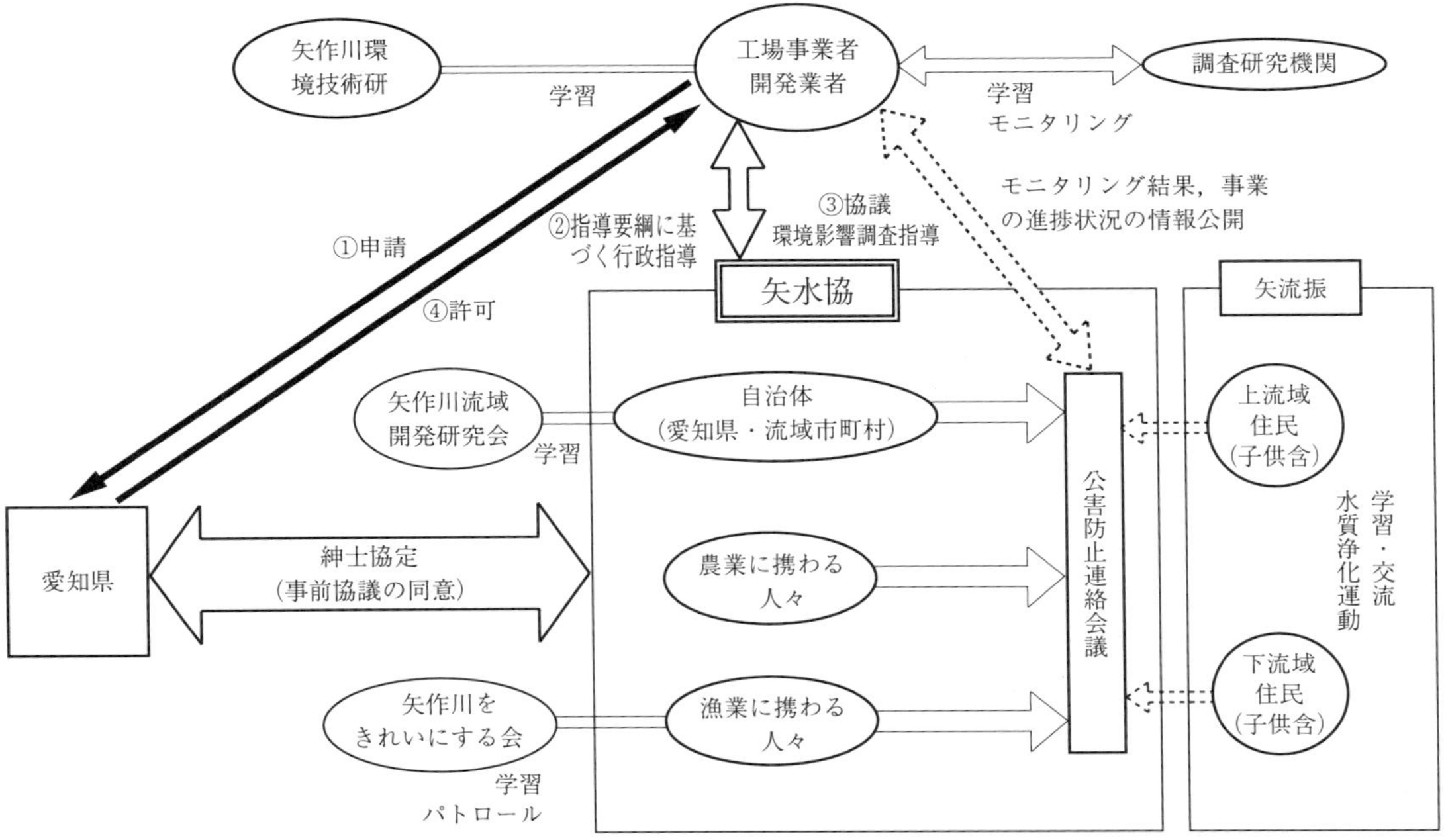


図 3-2　矢作川方式による開発・保全の手順

のパートナーシップのもとに、実績を重ねていく中で環境アセスメント機能をもつものとして次第に定着していった。

この「矢作川方式」が何よりも評価が高いのは、システムをつくろうとしてつくったのではなく、矢水協という民間団体主導の運動から発展的につくられていったことである。高度経済成長期、農漁民によって始まった水質浄化運動は、行政を動かし、地域住民も業者も巻き込んで、やがてシステムとして定着していった。システムができるまでの矢水協による持続的な運動は、数年で担当者が代わってしまう役所ではなく、民間においてこそ可能だったといえる。矢水協は、一連の開発手続きの中で、縦割り行政によって生まれる開発に際しての苦情やトラブルなど未調整の部分を民間のチェックによって克服するとともに、地域住民の立場において、工事を行う業者や工事主体を指導し、協力しあえるところは協力して問題の解決を図るというその理念を貫いている。(14)

チェックを受ける側の開発業者らは八六年、勉強会組織「矢作川環境技術研究会」を結成している。ここで、矢水協の運動で培ってきたノウハウを活かして水質汚濁防止のための工事手法が開発されていった。環境アセスメント等に関わる費用は当然であるが、開発事業者持ちである。環境アセスメント・工事費・環境モニタリングなど合わせて総事業費の数パーセントになっている。工事関係者らは「勉強会での交流などでノウハウが積み重なっていくので、最近は事業費の一％でできることもある。最初から環境に厳しくして費用をかけた方が、結果的に安くでき、リスクが少ないこともわかってきた」という。汚した後で費用を使うのではなく、最初から汚さないために費用を出す。このシステムにより、アセスメントを実施した方が後で直すよりも安くつくなど、業者の意識も変わっていった。これを公共事業や大企業の中で現実のものとしてきた「矢作川方式」の成果は大きい。

この事前協議システムは、法的な後ろ盾もなく強制力も持たない任意の民間団体のもとに生まれ、実施されている。当初は、矢水協が民間団体であるからと、上乗せ基準に応じない業者もあったが、環境保護運動の成果としての「社会的な要請」によりそれらの業者も対応せざるを得なくなったという。こうして矢作川方式は流域内の企業倫理観を高めることにつながったことは大きな功績である。今では、矢水協の事前協議を抜きにして開発の許可はまず見込めないほどの大きな権限をもつ。法的な拘束力や命令できる権限はないのに、なぜこのシステムが定着していったのであろうか。

三〇年の長きにわたり、矢水協の結成当初から水質担当として矢作川の浄化の先頭に立ってきた内藤氏の力は大きく、この三〇年間に足を運んだ現場の数は九〇〇〇カ所を超える。内藤氏の影響力の強さが大きな要素であることはいうまでもないが、一方ではこのシステムがそこに住む人々の生活に関わる危機感に基づく地道な活動から生まれたものであるからではなかろうか。「加害者も被害者も『流域は一つ。運命共同体』だと、お互いの立場を理解し合って、助けていこう。」矢水協が三〇年かけて築いた信念である。(15) こうした矢水協の歩みが住民の声に根ざしながらの活動の積み重ねによってつくられたからこそ、多くの地域住民の信頼を得、支持されるとともに「汚れた水は流さない」という住民一人一人の高い意識を生み出した。これがシステムが定着している最大の理由ではなかろうか。

乱開発の防止、流域の環境保護にとって住民の運動は大きな力になる。しかしそれだけでは十分ではなく、次の段階として住民・行政・企業など立場や利害の異なる様々な主体の環境のつながりを通じたパートナーシップ（連携）が必要になる。そのためには積極的な交流や学習により、互いの理解や信頼関係を深め、合意形成を図っていくことが重要となってくる。そして住民の関心や熱意の高まりとともに参加型システムが形成されていく中で、そこには矢水協のような環境保護に熱心な優れたリーダーを核としたコーディネーターが必要となってくる。矢作川方式の中心的な役割を担う矢水協はそれ自体は大きな組織ではないが、県境を越えた流域という一つの環境圏の中で、水質保全から交流までをコーディネートし、様々な主体が一般的社会システムに欠けている側面を補う仕組みをつくってきた。これが「矢作川方式」の実体をもった機能として評価されるのである。

## 4　流域環境保全運動の広がり

### 農・漁民運動から学校教育へ

現在の矢水協の会員数は、四農業団体（三流域土地改良区・西三河農協）、一二八自治体（愛知

県企業庁・二七流域市町村）、二〇漁業団体（流域漁業連合会・一九流域漁協）の五二団体で構成されている。水質保全において中心的役割を果たしている矢水協の活躍は、内藤氏という卓越したリーダーの存在によるところが大きいが、会員団体の協力体制も見逃すことはできない。水質調査やパトロールにあたっては、農・漁協組や自治体など会員団体から担当職員がすぐ駆けつける。明治用水が住民の中に深く溶け込んだ存在であり、単に水を配る機関ではなく、積極的に農業発展にも参画しているだけに、この運動には地域からの大きな支援が生まれたといえよう。[16]

パトロール活動は、年間二〇〇人を超える人々の動員を行っており、常に流域の環境保護に焦点をあて、現場重視の活動を行っている。このことが常に環境の視点からの意見、情報の発信につながり、矢水協の活動の基本的なバックボーンとなっている。

矢水協の当初からの水質浄化運動に積極的に参加してきて、現在も支援組織として矢水協の活動を大きく支えているのが、「矢作川をきれいにする会」である。この会は、町内の三割が漁やノリ・ウナギ・アサリ養殖の漁業に関わっている一色町の栄生、味沢、一色、衣崎、西三河養殖の五漁組の婦人部（約一二〇〇人）が活動の主体となって七三年に結成されたグループである。川の環境が健全ならば、上流の森の養分が流れ込み、ノリなどを育てる糧となるのであるが、当時は、雨のたびに矢作川から汚水・濁水がどっと海に流れ込むようになり、毎年ノリやアサリが手痛い被害を受けていた。死活問題に関わるだけに、いたたまれぬ思いの中から「きれいにする会」が生まれたのである。以来、工場の排水処理施設の見学など率先した学習活動とともに、マ

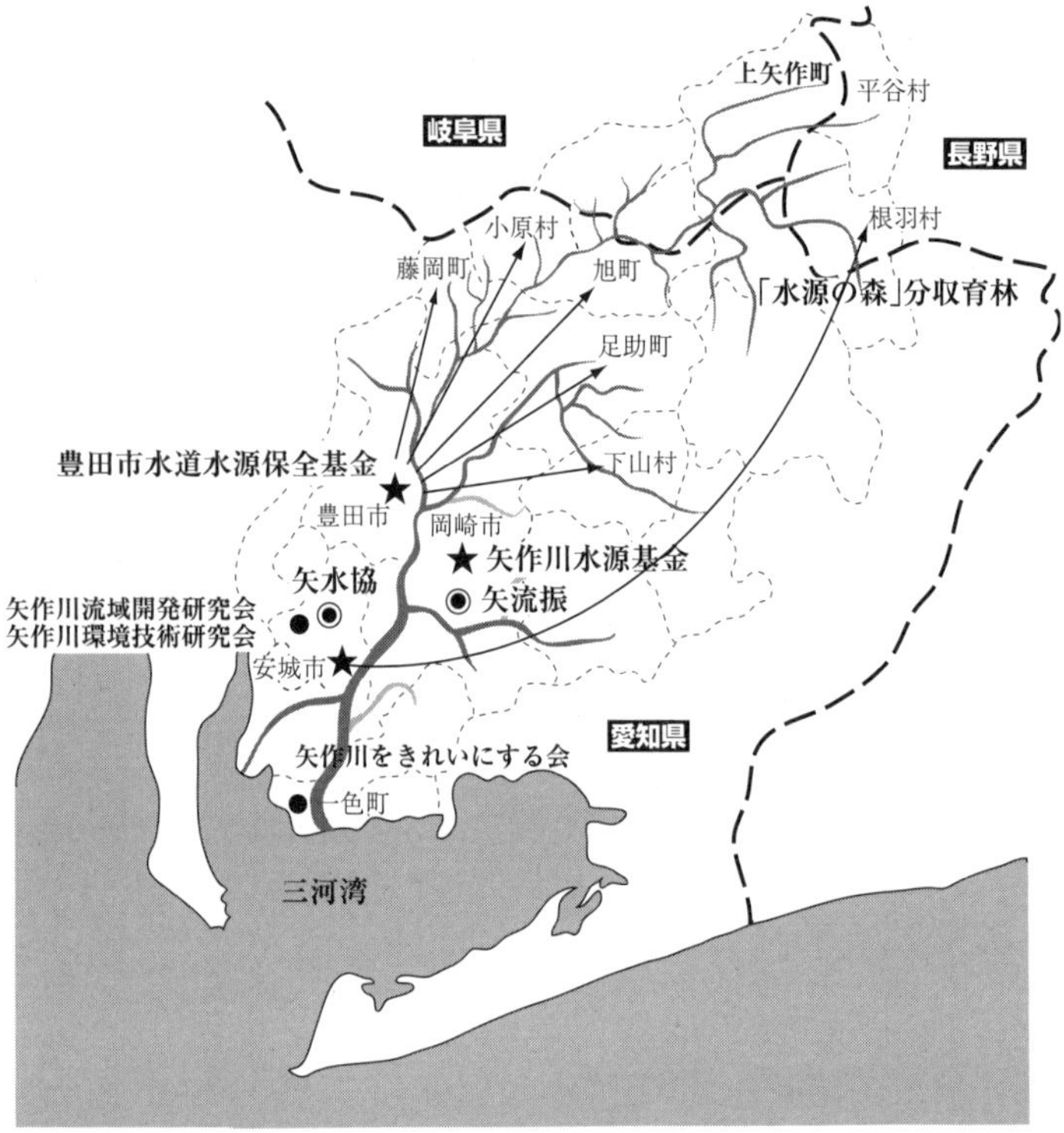


注）矢水協とは矢作川沿岸水質保全対策協議会，矢流振とは矢作川流域振興交流機構のことである．

1978 年　(財)矢作川水源基金設立（上流域の森林整備へ助成）
1987 年　長野県根羽村「ふるさとの森」分収育林事業開始
1991 年　「矢作川水源の森」分収育林締結
（全国初の森林整備協定，根羽村と安城市）
2000 年 1 月　豊田市水道水源保全事業開始
2000 年 9 月　東海豪雨災害

図 3-3　矢作川流域における交流・連携状況

イカーに分乗し河口から源流域にまで足を踏み入れ、定期的な水質パトロールを続けた。矢水協と一体となって、漁業者の目で川を見、採水し、納得のいかないときは何度も工場や工事現場の開発業者らに改善を求め、粘り強く水質浄化を訴えてきた。漁業を守り、自分たちの生活を守るためには、水・川を守ることが第一との信念のもとに行動し、流域における水質保全の啓蒙面でも大きな役割を果たしている。

矢水協の結成以来の地道な運動は、水質が徐々に改善され始めてきた頃から、上流の人達にも少しずつ理解されるようになり、流域住民や流域自治体の間にも水質浄化への啓蒙的役割を果たしていった。七一年、矢水協に加盟する流域市町村でつくられた「矢作川流域開発研究会」は、自主勉強会により担当者の意識改革をめざして結成された行政の水質調査団体である。矢水協の結成後間もなく作られていることから、その発足契機に矢水協の強い刺激があったことが窺える。また碧南市では独自の公害調査施設を設け、大気・水質汚染等公害監視や防止策をとれるようにした（七二年）。さらに豊田市は、トヨタ自動車など一一社と公害防止協定を結び市が企業の引き起こす公害に直接関与することとなった（七二年）。

また、七〇年代半ばには、下流域を中心に河川愛護団体が数多く作られ合成洗剤追放運動や小学生とその父母らによる地域ぐるみでの河川清掃、小学校の授業での水質浄化学習等、環境教育的な活動があちこちで行われるようになった。その先駆けとなったのが、豊田市西広瀬小学校での矢作川の透視度の活動である。これは川の浄化を叫び続ける矢水協の運動が広げた波紋の一つである。西広瀬小学校は豊田市の北東端、蛍の里と知られる矢作川支流の飯野川沿いにある児童数七〇人の山村の学校である。川の汚れで遊び場を奪われた子供達が「フナ釣りができる川に」と自発的に河川清掃やホタルの放流、水質調査を始めた。飯野川の水質調査は七六年五月から始められたが、当初は透視度が三〇センチメートルあればよい方であった。ところが〃小さな見張り番〃の活動を知った父母らは、家庭汚水の川への垂れ流しをやめ、陶磁器業者や山砂利業者も、粘土や川石洗いに注意を払うようになった。その二年後には一〇〇センチメートルと三倍近く透視度が高くなった。この飯野川での取り組みに刺激され、河川美化運動は豊田市全域に広がり、子供会や婦人会による川をきれいにする奉仕作業が続けられている。この調査は、二〇〇〇年一二月の現在に至るまで約八九〇〇日の間、休暇中なども休むことなく続けられている。またそのデータは、今も矢水協事務局に送られている。静かなふるさとを奪った開発は、皮肉にも子供達の郷土心を育み、科学的に事象を見る目を養う教育の場を提供することになった。こうした子供達の活動が、大人や社会を動かし川を汚染から守ろうという市民運動につながっていったことが意義深い。

### 矢作川流域振興交流機構の設立と交流活動

九一年、「矢作川において『流域は一つ。運命共同体』を柱とする相互扶助の精神に基づいて、自然と人間、上流と下流の共生を図り、流域振興の手助けとなるよう、交流と理解のための事業を推進する」ことを目的に、長野県・岐阜県の自治体を含む流域に関係する二八市町村と明治用水の計二九団体で、㈶矢作川流域振興交流機構（略称、矢流振）が矢水協のリーダーシップのもとに設立された。

事業費は設立当初、構成団体が人口割で出捐した三億三二五万円の基本財産と構成団体からの年会費一五〇万円を原資として運用され、毎年の予算規模は一〇〇〇万円ほどである。

その活動は、普及啓蒙事業として、河川の水質保全に関連する報告書や流域ＰＲのための市町村紹介ビデオやパンフレットを作成し、それらを流域市町村の図書館、公民館、小学校等の公共施設に配布したり、山村シンポジウムの開催で、多くの人に流域に対する知識と理解を深めてもらい「流域は一つ。運命共同体」の意識高揚を図るための事業が行われている。また交流事業として、流域二八市町村を八ブロックに分け、年一回ブロック内で、四〇～一〇〇名ほどの親子を対象にバス見学ツアーが実施されることとなった。参加者の中からは「自分の地域、また近隣の地域を知る良い機会になった」との声が多く聞かれる。こうした交流事業には、年間二〇〇万円の予算で助成が行われている。

上流域がより活用しやすいようにと設立されたが、年度に使える予算は大幅な金利低下の中、活用の額もおのずと制限されてしまう状況にある。矢流振が目的としている流域振興のために一番力を入れるべき交流事業は、現在は近隣市町村内の施設見学に訪れるという一方通行的な交流に止まっている。流域の他地域を理解するということでは一定の意義はあるものの、参加者は親子に限られ、上下流の交流には至っていない。下流側からも「形ばかりの交流ではなく、心の通った本当の交流をしよう」という声も聞かれる。地域への理解を深め、上流と下流の共生や流域振興に繋げていくために、流域住民の主体的な参加による体験を通した幅広い相互交流が望まれる。

## 第三節　矢作川流域における上下流の連携

### 1　連携による水源林造成の始まり

#### 矢作川水源基金の動向

高度成長期の急激な都市化・工業化は下流の水不足を引き起こし、上流では過疎・高齢化を進行させ森林の荒廃を招いた。そうした中で、七〇年代後半に入り、下流の都市と上流部の村との森づくりに対する利害が一致し、交流を深めながら、「水源の森」の整備が進められることとなった。七八年に設立された㈶矢作川水源基金（以下、水源基金）は、流域における下流負担による上流の水源林造成の始まりである。

増え続ける下流の水需要に上流が安定した水を供給できる体制を整えたいという行政側の認識のもと、上流域の水源林整備に対して助成を行うことにより、流域における治水や水資源の安定的確保を図りながら、流域の一体的な発展をめざすことを目的として、七八年愛知県と愛知県内の関係二〇市町村により設立され、水源地域の森林整備のために七億九四二〇万円の基金（九七年）が設けられている。これは、設立当時から愛知県が三分の二、残り三分の一を設立市町村が人口比率により負担している。

水源基金は森づくりのための植林・間伐などの保育、および複層林整備と作業路新設に際し、市町村に対して助成を行う。助成金は、基金の運用利子と負担金によって、年間予算六〇〇〇万円ほど（二〇〇〇年度）となっている。助成の対象地域は、愛知県内が、岡崎市・豊田市・額田町・藤岡町・小原町・足助町・下山村・旭町・稲武町で、ダム対策費として国土庁より補助金が出されるようになった八一年から県外の長野県根羽村・平谷村・岐阜県明智町・上矢作町・串原村もその対象となっている。[17]

上流域がより活用しやすいようにと設立されたものだが、大幅な金利低下の中、運用の額も範囲もおのずと制限されてしまう状況にある。愛知県外の上流町村が受け取ることのできる金額はわずかで、愛知県内の分配対象市町村の七分の一〜一〇分の一程度（県外への助成は合わせて年間四〇〇万円ほど）と、実際の山林維持にはほど遠い。また、愛知県内は森林整備と作業路新設に助成が受けられるが、県外は間伐への助成が行われているのみである。愛知県内の自治体による出資によるため、県外町村への助成との格差があるのはうなずけるが、水源を守るために創設された基金だけに、環境保護の視点からいえば源流域の森づくりに対しての支援が不十分なのは残念である。

　また、水源林対策事業の対象は私有林と市町村有林であるが、個人林家からの反応は全くないという。今後、個人所有者の理解促進と参加をどう進めていくかも課題である。交流事業も行われているが、年一回の親子を対象とした間伐等の水源林体験というイベントにとどまっており、その受け入れ態勢は役場、森林組合、営林署に任されており、林家や地域住民の参加はみられないことから、盛り上がりに欠ける。基金では、森の重要性や川の恩恵を受ける者が上流の抱える問題に目を向け、森林育成や保全に向けて流域すべての市町村が一丸となって取り組まねばならないことを訴え、下流住民の基金への賛同を得ようとしている。基金の趣旨に賛同する個人や団体は賛助会員となり、会費を納めることになっているが、その収入はゼロである。今後下流住民の参加をどう促進していき、理解を得ていくかが課題であろう。

　こうした森林所有者や下流住民のエネルギーが乏しく、上下流とおして住民の積極的な動きがみられない背景には、基金が住民の盛り上がりによって設立されたのではなく、行政主導で設立されたことが挙げられる。渇水問題を契機として荒廃している山を救おうということを目的に森林整備のための補助金の上乗せをするだけの〝補助金のかさ上げ機構〟的な基金にとどまり、人づくりを視野に入れていないためではなかろうか。対して、矢水協や矢流振は住民運動からの盛り上がりから設立され、活発な活動を展開している。基金の活動が尻窄みにならないためにも矢水協や矢流振との連携が今後の課題の一つであろう。

## 森林整備協定による「水源の森」保全―根羽村と安城市の連携(18)

水源涵養と景観保全のため長野県根羽村と愛知県安城市は九一年に森林整備協定を結んだ。安城市が立木取得費一億四五〇〇万円を負担し、「矢作川水源の森」分収育林として共同で三〇年間のヒノキ林四八ヘクタールの森林管理にあたることとなった。両自治体のこの取り組みは、九一年の「流域管理システム」での森と緑をめぐる上下流交流の第一号である。

この協定が結ばれた「水源の森」は、矢作川の源流の一つである茶臼山の北西斜面に位置する。水源の森となる以前は、長野営林局（現中部森林管理局）が管理する、一九三三年に植栽された官行造林地であった。(19)すでに六〇年近く経つヒノキ林が育ち、九一年に伐採予定となっていた。

かつては、固定資産税の対象が少ない村にとって、木材売却利益の半分が還元される官行造林地は財政を大きく潤す貴重な財源だった。しかし、グローバル化の影響を受けて木材価格の長期低迷と経営コストの上昇は採算性を著しく悪化させていった。こうした状況にあっても、営林署の官行造林地における伐採は計画的に続けられた。一方、伐採後の管理をしなければならない村にとって、収益の低下とともに、伐採のメリットは急速に低下していく。木材価格が安ければ、植林経費すら出なくなるからだ。そうした直接の経済的メリットのなさ以外にも、伐採により景観を損なう問題点があった。当初、官行造林の伐採はあまり人目に触れない場所で行われていたが、次第に目につく場所に移り、八七～八八年ごろ、茶臼山の「水源の森」近くを伐採したときは、「景色のよいところが丸裸になり、穴が空いたようだ」と、村民たちが嘆くほどの〝惨状〟

になっていた。天龍奥三河国定公園に属し、村にとって重要な観光資源である茶臼山の景観が伐採により大きく損なわれようとしていた。さらに、景観破壊に加えて、山そのものの崩落の危険性も伐採計画が進む中、懸念されていた。山の崩壊や土石流発生の危険性は、先に述べたようにマサ土質地帯では非常に高い。伐採後の根株が腐ると地中に穴が空き、保水力を失う。そこに雨が降ると、水を溜め、崩壊につながっていくのである。これが原因で、かつて土石流が起きた。このまま茶臼山一帯を伐採し続ければ、丸裸の面積は一〇〇ヘクタールに及び、根が腐る時期に大きな災害が起こることが心配された。

このようなことから、村は四八ヘクタールの新たな伐採を取り止め、国有林から立木の払い下げを受けて残すことを決意したが、経済的負担についての問題が残った。伐採が予定されていた四八ヘクタールの樹木の販売利益は二億二二四万円だった。分収林契約による営林署の取り分は二分の一の一億一一二万円である。森林保護のため村が買い取るとなれば、この額を国有林に支払わねばならない。人口一五〇〇人、当時の年間予算が二〇億円に満たない村にとって、これだけの金額は、あまりにも大きかった。そこで、矢作川下流域への支援を要請するに至ったのである。

当初、村は水源涵養林をもち、水問題に深い理解をもつ団体である明治用水に話を持ち込んだが、明治用水はその四年前に水源涵養林を購入したばかりだったため、この森林の近くに野外センターをもつ下流の安城市に協力を要請した。安城市議会では勉強会が開かれ、市会議員の中には農業出身者や安城農林学校出身者が比較的多かったこともあり、「源流の森林の保全は、イコール水源の保全でもある」と水源林の重要性が理解されて、村で話が持ち上がってからわずか一年半余りで契約へと至った。

良く手入れの行き届いた「矢作川水源の森」

九一年、愛知県安城市と長野県根羽村は、矢作川の水源林である茶臼山北西斜面の森林四八ヘクタールを「矢作川水源の森」と名付け、共有林とする事業に関する契約「矢作川水源の森分収育林事業」を結んだ。その名の通り、二つの自治体が協力しあって矢作川の水源の森を管理し育て、三〇年後に設定されている伐採時には、その収益を分け合うという内容のものである。この契約時、安城市は根羽村に、立木の買い取り代（契約時点で四八ヘクタール内の立木全部を販売した場合に想定される全収益の二分の一に相当する額）に三〇年分の地代（約三六〇〇万円）を加えた約一億四五〇〇万円を支払った。

「水源の森」へは、谷川沿いの道路から、幅五メートルほどの川に架かる丸太の橋を渡って入ることができる。灌木やシダ・ササなども茂る森の中は、陽光が入ってきて黄緑が鮮やかである。太いもので三〇センチメートルほどに成長した樹齢六〇年ほどのヒノキやサワラなどが、やや急な斜面を頂きに向かい真っ直ぐに伸びており、良く手入れの行き届いている山という印象を受ける。両自治体では、向こう三〇年間は、徹底的に間伐を行い、八〇～一〇〇年生の大径木生産を目指し、いずれは複層林化や針広混交林化を図りたいとしている。

協定が結ばれた茶臼山は、植生の宝庫といわれる。この一角に安城市が経営する「茶臼山高原野外センター」（八三年建設）がある。愛知県が実施している自然教室推進事業により訪れた安城市内の中学生（二〇〇〇人弱）が四泊五日の日程で、毎年五～七月にキャンプファイヤー、自然観察、星の観察など自然体験を楽しむ。この中学生のほかにも、年間七〇〇人ほどの市民がセンターを利用しており、野外活動センターの管理は根羽村民が請け負っている。根羽村民との交流も盛んで、地元主婦らによる手作り料理を楽しんだり、村の老人会との山菜採りや草履・竹トンボづくり、植林体験、根羽中との交歓会などが行われており、茶臼山の野外センターは安城市民と根羽村民の交流の場、安城市民にとっては自然体験野外活動施設として利用されている。また野外センターに隣接している共有林は、安城市民が林内を散策するなど、環境教育の場としても役立ち、「市民の森」的な役割を果たしている。

そして、野外センターや「水源の森」以外にも、根羽村と安城市との交流が行われている。仙台・平塚と日本三大七夕祭りの舞台である安城市では、毎年八月に七夕祭りが盛大に開催されるが、そこへ根羽村の中学生が毎年招待され、七夕パレードへの参加や市内施設の見学等を通して交流を深めている。また、農業公園「デンパーク」（一二三ヘクタール）の散策路のベンチに根羽スギを使用したり、根羽村特産ヨーグルトの学校給食での使用も検討中であったりと、人的交流だけでなく、物品交流を通して根羽村の活性化に一役買っている。

こうした根羽村と安城市の上下流の連携が実現した背景には、両自治体の相互理解と歴史的なつながりがあった。安城市の当時の財政事情のよさ（九一年当時は税収が上昇を続けており、財政指数は一・三八とかなり余裕があった）もあるが、野外センター建設に際して、村が土地を提供するなど、それまで両自治体が協力した実績があるという点が協定がスムーズに結ばれた一つの要因であろう。さらに、「愛知県立安城農林学校」の役割が大きい。現在は愛知県立安城農林高等学校となっている安城農林の同窓生には、根羽と安城の橋渡し役となった明治用水理事長や矢水協会長をはじめ、当時の安城市長や根羽村長、市会議員や村議員の中にも数名おり、関係者の中にこうした人的つながりが深かったことも話を進めるのにプラスになったといわれている。市議会関係者の中に、自身の経験から水問題の重要性に早くから気づいていた農業関係者が比較的多かったことも、この水源涵養林づくりにとって幸いだったといえる。そして何よりも、歴史的に、また現在に至るまで、地域の水への理解を育み続けてきた中心的存在である明治用水の役割は大きかったのである。明治用水は、安城市の農地三六〇〇ヘクタールを筆頭に、矢作川下流域六六四〇ヘクタールの広さの田畑を潤している。そして組合員一万四〇〇〇人のうち半数近い約六五〇〇人が安城市民なのである。矢作川の水を全面的に活用するこの用水の運営者や加入者は、すでに一〇〇年近く前から、水源の問題に深い関心を抱いており、水不足による様々な苦労や困難などから、また水が引かれてからの地域の発展の様子などから、人々は水の有り難さを肌で感じていた。明治用水および矢水協の水に対する情熱、そして行動力が、根羽・安城の試みを成功に導いた最大の基盤であり、原動力だったといえる。[20]

こうした実績と相互理解の上に立って実現した「矢作川水源の森」の共同経営（分収育林）を通して、都市と山村、上下流の交流は矢作川を通じてさらに深まっている。

## 2 豊田市水道水源保全基金による上流の森林整備

### 基金創設の背景

流域で最大の人口を抱える豊田市では、水道料金一トンにつき一円を原資として、毎年二三〇〇万円の事業費を投入して、周辺上流五町村の荒廃人工林の整備を二〇〇〇年から開始した。森林の荒廃と渇水の頻発が社会問題化するなか、下流の費用負担で上流の森林保全を行う豊田市の取り組みは、神奈川県の事例とともに森を守る新しい仕組みの先駆的な事例として全国的にも注目されている。

自動車メーカー・トヨタの本拠地である豊田市は、人口約三五万人、労働人口の二人に一人が自動車関連の企業で働くという工業都市である。六〇年代後半からの高度経済成長期における急激な自動車産業の発展と人口増加に伴う水需要量の激増に対し、自己水源（地下水）だけではその量を確保することが困難となったため、七二年から矢作川の受水を開始した。現在、豊田市の一日当たりの上水道の供給量は、約一三万立方メートルで、市の年間配水量の約七割を矢作川に依存している。今後も人口増加などによりこの依存度はさらに高まっていくと思われる。同時に環境面から市民の矢作川への関心と認識もますます高まっている。

こうした水需要の増加に対して、それを育む上流の森林の状況をみてみると、矢作川の上流地域においても全国と同様に、森林の荒廃が進んでいる。林業が衰退する中で、森を守り育てる担い手が失われた結果である。水源林保全という「公益的機能の維持・保全を林業の枠組みと水源地域の住民や森林所有者の努力だけに求めることは、もはや限界にきている。同様に、矢作ダムでも水源地域の住民は水利権がないためダムの水を直接利用することができない。一方で、下流域住民のために機能維持の努力をしている。このようなことから、水源涵養をはじめとするこの森林の公益的機能を維持・保全するための新たな仕組みが必要で、恩恵を受けている下流域の住民が上流域の努力に感謝し、可能な協力をすることも必要ではないか」と豊田市の担当者は語る。

こうした水源地域からの恩恵に対する感謝の他にも、豊田市が基金を設けた背景としていくつか挙げられる。

矢作川流域は、全国的にみても早い時期から、新しい流域づくりの運動が起こり、矢水協を中心として、矢流振、水源基金など「流域は一つ。運命共同体」という意識で河川浄化や上下流交流などの流域活動が行われており、流域住民にとって誇りとなっていることは、これまでにも述べてきた。豊田市はこれらの団体の構成員として活動に参加する中で流域の諸問題を認識するとともに、流域の一員として一定の役割を果たしてきた。しかし、「流域の水問題を考えた時、おいしい水を将来にわたっていただくためには、水の恩恵を受けている者として何らかの協力を独自に行ってもよいのではないか」という市の自発的な思いが、基金創設の動機となった。

そして基金創設のもう一つの背景が、かつての乱開発への反省であった。六九年の矢水協創設時、豊田市は岡崎市などとともに、いち早く加盟者となっている。しかし、矢作川の汚濁に対する及び腰を一番非難されたのも、同市であった。自動車関連工場などの流す廃液、宅地等の乱開発問題が集中した豊田市には、人々の非難が集まる。また市側も、たとえば矢水協主催の公害写真展の開催をためらうなど、大企業に〝配慮〟の姿勢を続けたため、下流の農民や漁民らに、強い不信感を抱かせていた。しかし、七〇年代後半には、「お互い生きるために協力し合う」という矢水協の運動に賛同する者が企業内にも現れるようになる。彼らは、双方の板挟みに悩みつつも、解決に向けての努力を払う。やがて、自動車メーカー内部にも、問題の解決に協力するセクションまで現れた。こうした流れの変化は、行政においても同様で、八〇年代後半に入り、「水と緑」を理念としてかかげるようになった豊田市は、その長期計画の中に、市内に緑を残すため、「必要ある時は土地の取得も行う」という条項を組み込む。また九一年の矢流振設立に際しては、三億円の基金づくりのために、その半分近い一億三五〇〇万円を拠出している。水道水源保全基金の構想は、こうした行政の流れの中で生み出されたのである。

こうした豊田市の矢作川の水質保全にかかわる流域としての取り組み、水源地域への感謝、水道水源としての矢作川の重要性、これまでの乱開発への反省、「水と緑」に対する基本姿勢などの背景に加え、世論としての環境保全への関心の高まりが、基金創設につながったものと考えられる。

市民からの直接的な反応はあまりないが、積み立ての構想が市の広報に載った一カ月近く後の九三年一〇月末、市民三〇人でつくる市の水道モニターからの反応は、「ぜひやるべきだ。良いと思う」と、市民の反応は大半が好意的であった。基金創設に際し、こうした賛同が得られたことには、創設の動機ともなった水の恩恵を受けている上流の森づくりに少しでも役立てばとの思いや矢水協の運動、市の「水と緑」の政策が世論を盛り上げ、行政内や市民の理解につながったと考えられる。

## 豊田市水道水源基金の仕組み

将来にわたって水道水が安全でおいしい水であるためには水源涵養など水道水源の保全が必要であるとの観点から、水源となる上流の森林保全に充てることを目的として、市の水道料金に使用水量一立方メートル（トン）あたり一円相当額を上乗せし、これを積み立てる全国初の豊田市水道水源保全基金を設け、九四年度から積み立てを始めた。なお、料金表の下には、この一円を

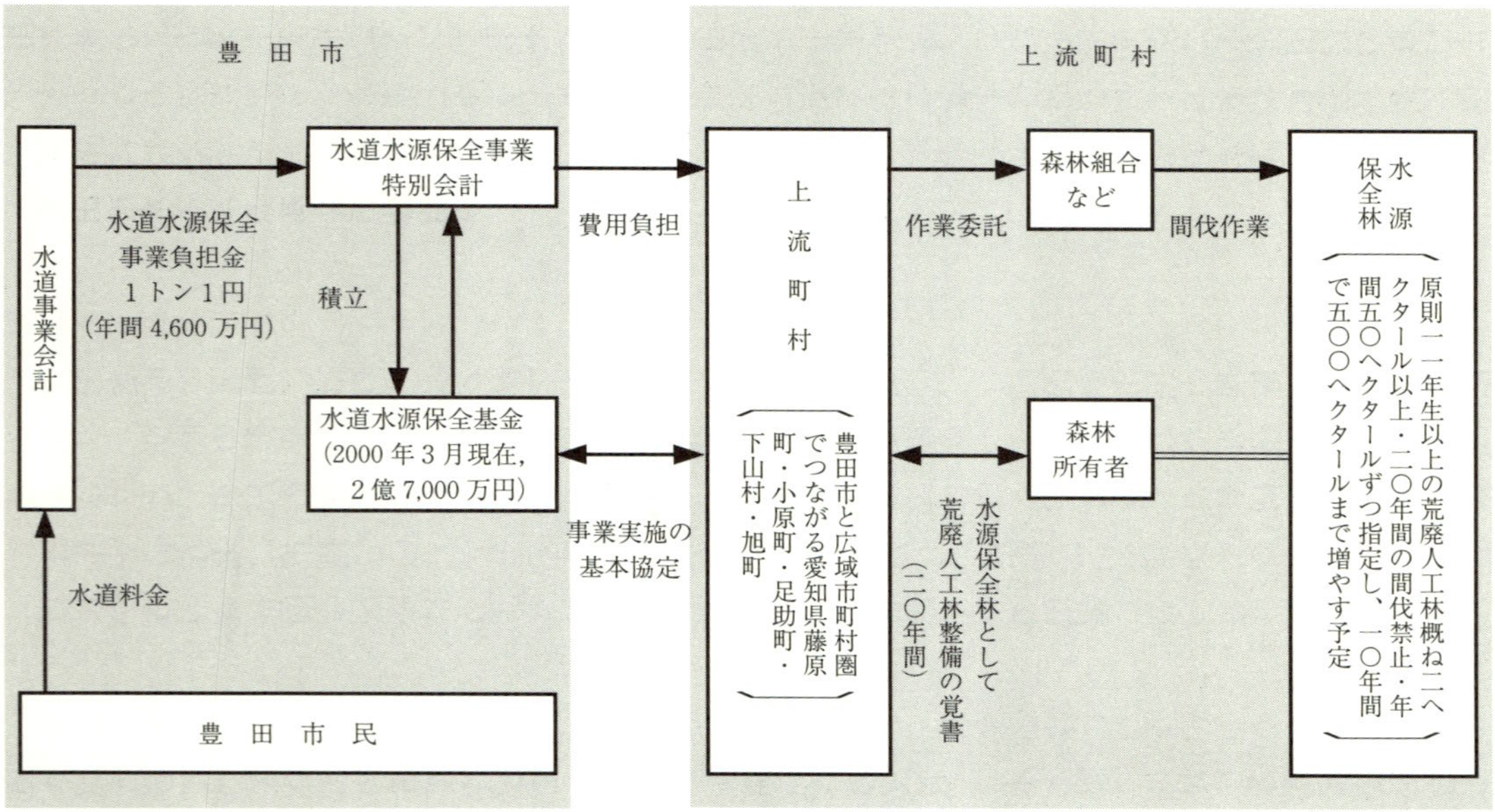

図3-4　豊田市水道水源保全事業のしくみ

水源保全のために使うことを明示し、利用者に使途の約束とPRを行っている。

基金のしくみは図に示すとおりである。水道料金の対象となる使用水量は、年間約四六〇〇万立方メートル、積み立て額は年間およそ四六〇〇万円になり、こうして積み立てられた基金は二〇〇〇年三月末までに約二億七〇〇〇万円に達した。また「水道水源保全事業」を行う場合には、この特別会計の歳出に事業費を計上して執行する。

基金設立当初は、具体的な保全事業が決まるまで積み立てることとし、当面一〇年間で五億円程度の基金とすることを目標としてきたが、「貯めるだけでなく、早く活用してほしい」という市民の声の高まりを受け、九九年、具体的な活用方法について検討が進められてきた。そして「市民に一トン一円を責任をもって説明できることと、上流地域の人々が何を望んでいるのか、上流の暮らしの活性化などに結びつくこと」にウエイトを置いて、次のような活用を図ることとなった。

活用方法について上流町村と協議する中で、手入れ不足で荒廃が進む人工林においては、このままでは、保水力の低下のみならず、山崩れの危険性が高まるということが共通した問題であった。そこで、この現状を踏まえ、放置されて荒れた人工林を所有者に代わって二〇年間間伐などの手入れを行い、下層植生が豊かな森に変え、水源涵養機能を高めていくことに基金を活用していくこととなり、二〇〇〇年度から事業の開始の運びとなった。

具体的には、放置された個人所有の人工林の中から区域（概ね二ヘクタール以上）を特定し、所有者の代わりに町村が主体となって間伐を中心とした公的管理を二〇年間にわたって行い、「水源保全林」としてその機能を高めるもので、町村が森林組合等に発注する作業費用の全額を、豊田市が特別会計から負担金として支出するというものである。荒廃が進む人工林に一〇〇％公金を使い間伐を進めていき、長期的な視点で水源林機能の高い森づくりを進めていくため、森林所有者に対して、二〇年間は伐らずに公的管理に任せることが制約として設けられた。

基金活用対象地域は、豊田市より上流の全域（愛知県外を含む）としつつも、当面は、上流町村のうち豊田市と広域市町村圏を形成し関係の深い西加茂郡、東加茂郡の五町村（藤岡町、小原村、足助町、下山村、旭町）から試行することとなった。

事業の対象となる森林の選定は、各町村に任せられ、森林組合や広報を通じて募集された。二〇〇〇年度は五町村で一〇〇ヘクタール（二ヘクタール×五〇カ所）が対象となっている。実際の間伐作業は所有者の合意を得て二〇〇〇年一一月末から行われている。保全事業にかかる事業費は、年間に得られる負担金（約四六〇〇万円）の二分の一までとし、残りは対象地域や事業メニューの拡大に備え、引き続き基金に積み立てていく予定となっている。五〇ヘクタールの間伐を実施するのに、一五〇〇万円程度かかることから、一〇年間で五〇〇ヘクタールを指定し、一〇年に一回間伐を実施すれば、年間事業費二三〇〇万円で充分賄えることになる。今後は、毎年五〇ヘクタールずつ指定をしていき、一〇年間で五〇〇ヘクタールまで増やす予定である。

この「水道水源保全事業」は、豊田市外の森林が対象であるが、豊田市内にも荒廃した森林がかなりあることから、豊田市では、生活場所に身近な所で特に整備が求められている森林を「環境林」と位置づけ、水道水源保全事業と同様の手法で公的管理することで、森林の持つ公益的機能の増進を図ることにしている。この「環境林整備事業」は市の一般財源から五〇〇万円の予算で、水道水源保全事業と同時並行で行われている。対象森林は人工林に限定せず、市内のすべての森林となっている。

今後の課題として、事業手順のルール化や間伐材の搬出・利用促進、森林所有者の理解促進などが挙げられている。

豊田市では今回の事業に対して、「荒れた人工林を健全にしようという、病気になっている所の対症療法に過ぎなく、林業に真剣に取り組んでいる人には何のメリットもない怠け者対策である。上流へ行くほど森づくりに熱心に取り組んでおられるのに、この制度を果たして上流に広げていくのはどうか」と指摘している。「普段から健全な森づくりをしている方が頑張り甲斐のある制度をつくっていかなければならない」とこの間伐を中心とした一〇〇%公的管理の森林保全事業が必ずしも最善策ではないことを市の担当者は挙げている。

また、この事業費は水道料金から預かったお金であることから、どの場所につぎ込んでいるかを市民に明確にしていく必要がある。そして市民にとって、水源涵養と人工林整備との結びつきが容易でないため、人工林においての水源涵養を高める効果等、森づくりについて理解を深めるための市民参加の方法が事業に盛り込まれることが求められる。上流と下流相互理解へ上流の暮らしの活性化などに結びつく形のものでなければ、本当の支援にはならないが、基金を活用するにあたって、上流との「気持ちの疎通の問題」をどう図っていくかが、今後の課題の一つであろう。

豊かな森林が上流部にあってはじめて、安定して享受できる環境財、水。水源保全基金が下流に定着し、上流支援の大きな基盤になることが、水源地域から期待されている中、豊田市の取り組みは、上流が水をつくり出す対価としての下流負担（費用分担）のあり方、公的管理のあり方、そこへの市民参加のあり方も問うている。豊田市の考案したこの方式が、流域の人々の歩みが生んだ「流域は一つ。運命共同体」の考え方の上に立ち、真の上下流連携になることが期待される。

## 第四節　興津川における都市住民参画による森林管理

前節の矢作川流域では、下流の住民運動によって環境保護のシステムの形成と清流の再生過程を述べ、また下流自治体等による上流との連携ならびに森林整備に対する資金面での支援の仕組みについて述べた。どちらかというと、下流が主導したものであった。

本節においては、上流の林業関係者からの呼びかけを契機に下流に暮らす都市住民が参画した森づくりを展開している清水市興津《おきつ》川（静岡県）の事例についてふれる。流域の環境保護にとって基本的に重要な森林管理をどのように進めていけばよいのか。なかなか妙案が浮かばない中で、いくつかの地域では従来型にこだわらない新しい森林管理のあり方への挑戦が始まっている。

こうした中、興津川流域では、「自分達の飲料水を自ら守る」という山の住民も街の住民も共感できる川・流域の保全を目標に、森林ボランティア組織[21]「清水みどり情報局」による森づくりが進められている。

## 1　興津川と清水市の森林

清水市は、静岡県の中部に位置し、東海道新幹線や国道一号、東名高速道路等の太平洋ベルト地帯の基幹をなす交通網が整備され、太平洋沿岸に広がる平野部を中心に造船や港湾そのほか商工業が発達している人口約二四万人の中規模の都市である。現在、西隣りの静岡市（人口四七万人）との合併が構想され、また就業人口（約一三万人、九五年国勢調査）のうち九五％は二、三次産業に従事しているなど、都市化が進んでいる地域である。

一方、森林の概況を整理すると、森林面積はおよそ一万一〇〇〇ヘクタールと市の面積の約四八％を占めている。また、森林の約八割は市内を流れる興津川水系周辺に集中して分布している。所有形態別の森林面積では私有林が全体の八七％を占め、国有林は一〇％にとどまっている。人工林率は七三％と比較的高いものの、その大部分は戦後造林木で、高齢級林分はごく一部に限られている。また、林家（三三〇〇戸）のおよそ九割は保有山林面積が五ヘクタール未満と小規模

表 3-3　清水市の人口概況

| 項　目 | 数　値 | 備　考 |
|---|---|---|
| 総人口 | 237,457 人 | |
| 高齢化率 | 17.80% | |
| 産業人口総数 | 129,867 人 | 100% |
| 一次産業 | 6,190 人 | 5% |
| うち林業 | 20 人 | 0.02% |
| 二次産業 | 48,451 人 | 37% |
| 三次産業 | 75,226 人 | 58% |

資料）市町村自治研究会編集『平成 12 年度版全国市町村要覧』第一法規，平成 7 年国勢調査

表 3-4　清水市の森林概況

| 項　目 | 数　値 | 備　考 |
|---|---|---|
| 総土地面積 | 22,763 ha | |
| 林野面積 | 10,904 ha | 国 1,169 ha，公 208 ha，私 9,509 ha |
| 人工林率 | 73% | 静岡県平均 61% |
| 人工林面積のうち 40 年生以下の面積比率 | 76% | |
| 林家戸数 | 2,243 戸 | 1～5ha 未満の林家数 1,942 戸 |

資料）農林省『1990 年世界農林業センサス（林業編）静岡県』

であり、さらに山間地からでも車で約三〇分走れば工業地や商業地が広がっている等就労機会に恵まれていることから、林業収入への依存度は極めて低い。そのため、森林に関心を持たない林家が多く、人工林や竹林の多くが手入れ不足となっている。

一方、市内を流れる興津川への関心は高い。興津川は、清水市の北部山地を源流に駿河湾に注ぎ込む全長二七キロメートルの二級河川で、流域はすべて清水市内にある。また、アユ釣りやキャンプ、川遊び等にも利用され、清水市民にとって身近な自然環境となっている。さらに、清水市の水道水の約九割は興津川の水を利用しており、市民にとって興津

川の保全は自分たちの飲料水を守ることに直結しているのである。

こうしたことから、興津川保全に向けた動きは比較的活発に行われている。例えば、九三年には、興津川の河川環境を適切に保全し、より良い環境を形成していくことを目的とした「清水市興津川の保全に関する条例」が施行され、翌年（九四年）には「興津川保全基金」が設立された。また、個人や民間団体による保全活動拠点として「興津川保全市民会議」が発足するなど、市民が参加した保全活動が進められている。

## 2　「清水みどり情報局」の設立経緯

清水市では、都市化の進展とともにこれまでの林業を主体とした森林管理が行き詰まる中で、人口の大多数を占める都市住民を巻き込んだ新しい森林管理のあり方が模索され始めている。その中核を担っているのが、森林ボランティア・「清水みどり情報局」（Shimizu-Green Information Team＝通称「S-GIT」）である。

S-GITは、九二年に林家の後継者の集まりである林業研究グループ（清水市森林組合青年部）を発展的に解消した後に、清水市民全体による森づくりを目指して設立された。

S-GITの前身である「林研グループ」は、清水市でも林業が活況を呈していた七〇年代半ば頃までは活発な活動が行われていた。しかし、その後の林業不況により活動が急速に衰退し、八〇年代末には集まるメンバーが三人まで減少するなど、まさに風前の灯火となっていた。こうした中、かろうじて残っていたメンバーの一人I氏（現在のS-GIT会長）は、林研グループをこのまま消滅させるのはあまりにも情けない。このままでは林研グループの存続はもとより、林家の森林への関心が薄れ、人工林の手入れ不足にも歯止めがかからない。これからどのようにして地域の人工林を管理していけばよいのか、と頭を悩ませていた。そして、思いを巡らした結果、都市住民が大多数を占める清水市では、従来のように林家や森林組合等林業関係者だけが森林に関わるのでなく、多くの都市住民にも森林の現状や重要性を知らせ、清水市民全体による森林管理を進める必要があると考え、その方策を模索し始めた。そこで、上流の住民だけでなく下流の都市住民にも大切な興津川の保全を目標に掲げた森づくりを進めようと、周辺の林業関係者に持ち掛けたのである。

しかし、「都市住民も森林管理に参画してもらう」、「流域保全のための森林管理」というI氏の発想は、それまで「森林＝林業」、「林業作業ができるのは山村住民だけ」と考えてきた林家等からは「都市に住む者が休日だけ山に来て、何ができるのか」、「山の作業はそんなあまいものじゃない」等と強く抵抗された。しかし、I氏はこのままでは林業界の閉塞感は脱し得ない、さらに組合員・林家の林業ばなれがこのまま進めば、近い将来、清水市森林組合は林家だけでは支えきれなくなる。その時には、森林を守るために必要な組織であると認めてくれる一般の都市住民の応援が必要となる。つまり、これからの清水での森林管理には、都市住民の理解と参加が欠かせないことを粘り強く訴え続けた。その後も多くの林業関係者はそっぽを向いたままであったが、徐々に「やってみるか」とI氏に賛同する若手の森林組合職員や林家の後継者が現れはじめた。そして、I氏の構想から四年後の九二年、林業後継者の組織であった林研グループを発展的に解消させ、都市住民も山村住民も共に参画できる新しい森づくり組織として清水みどり情報局・S-GITが設立されたのである。

S-GITが発足してしばらくの間は、都市住民に森づくりに参画してもらうことへの抵抗も強く、またどのようにして新しい組織を運営していくのかという方向性も定まらず、活動が右往左往した。しかし、試行錯誤を続けているうちに、徐々に都市住民の賛同が得られだし会員も増加してきた。会員が二〇名程度に増えた九五年頃から、都市住民も運営に参画して企画部、事業・技術部、広報・渉外部等の組織運営の体制を整えた。さらに会員が集まり意見交換を行う例会（毎月一度）を開催し、森林や林業に関する情報提供としてニュースレター「清林」を発行するなど、新しい上下流住民の連携組織としての活動が軌道に乗り始めた。

そして、現在では、都市住民を中心に一〇〇名程度の会員を抱え、人工林をフィールドとした森づくり活動を柱に、小学校での森林教室や「興津川保全市民会議」が主催する「森林探検隊」では森林・環境教育を担い、県や市が主催する森づくりイベントでは講師役を務める。さらに、地元の市立病院にクリスマスツリーを贈呈したり、興津川の水質浄化につながるとして山間地における合併浄化槽の設置を呼びかけるなど、様々な活動を行っている。また、東京（多摩地域）で活動している森林ボランティアとの交流や森づくりに関心を持つ人々が集う全国規模のフォー

表3-5 「S-GIT」の活動事例

| 日付 | 事項 | 日付 | 事項 |
|---|---|---|---|
| 8月6日 | 総会 | 12月2日 | 市民病院へのクリスマスツリー搬入 |
| 22日 | 山荘の手入れ | 5日 | 伐倒訓練 |
| 25日 | 中央公民館での講演会 | 19日 | 伐倒訓練 |
| 28日 | 森づくり道具講座 | 1月17日 | 西小学校 森林教室 |
| 29日 | 森づくり道具講座 | 20日 | 西小学校 森林教室 |
| 31日 | 伐倒協議会への参加 | 23日 | 伐倒訓練 |
| 9月12日 | 「市民の森」(市) への参加 | 30日 | 森林フォーラム(県) 参加 |
| 16日 | 「緑飲フォーラムー知事と語ろうー」への参加 | 2月6日 | 伐倒訓練 |
| | | 7日 | 伐木作業災害安全教育講習会参加 |
| 18日 | チェーンソー,ワイヤー講習の前日準備 | 11日 | 森のセミナー(市民会議)参加 |
| 19日 | チェーンソー, ワイヤー講習 | 11日 | 伐倒訓練 |
| 22日 | 中央公民館での講演会 | 13日 | 伐倒訓練 |
| 10月18日 | 西河内小学校 森林教室 | 14日 | 中河内小学校 森林教室 |
| 20日 | 和田島小学校 森林教室 | 20日 | 「市民の森」地拵え |
| 23日 | 「森林探検隊」前日準備 | 20日 | 伐倒訓練 |
| 24日 | 「森林探検隊」 | 27日 | 伐倒訓練 |
| 27日 | 庵原小学校 森林教室 | 3月10日 | 小島小学校 森林教室 |
| 31日 | ハイキングコース連絡会作業 | 15日 | 清水工業高校 講演 |
| 11月11日 | 炭焼き体験 | 4月8日 | 山荘のトイレすえつけ |
| 14日 | 伐倒訓練 | 9日 | 「市民の森」植付 |
| 14日 | 「市民の森」(市) への参加 | 16日 | タケノコ掘り体験 |
| 15日 | 和田島小学校 森林教室 | 5月14日 | 興津川クリーン作業協力 |
| 21日 | 伐倒訓練 | 7月18日 | 山荘屋根材料運搬 |
| 26日 | 忘年会 | 22日 | 山荘の修理 |
| 27日 | 伐倒訓練の準備 | 23日 | 山荘の修理 |

資料)「S-GIT」第8期活動報告から抜粋

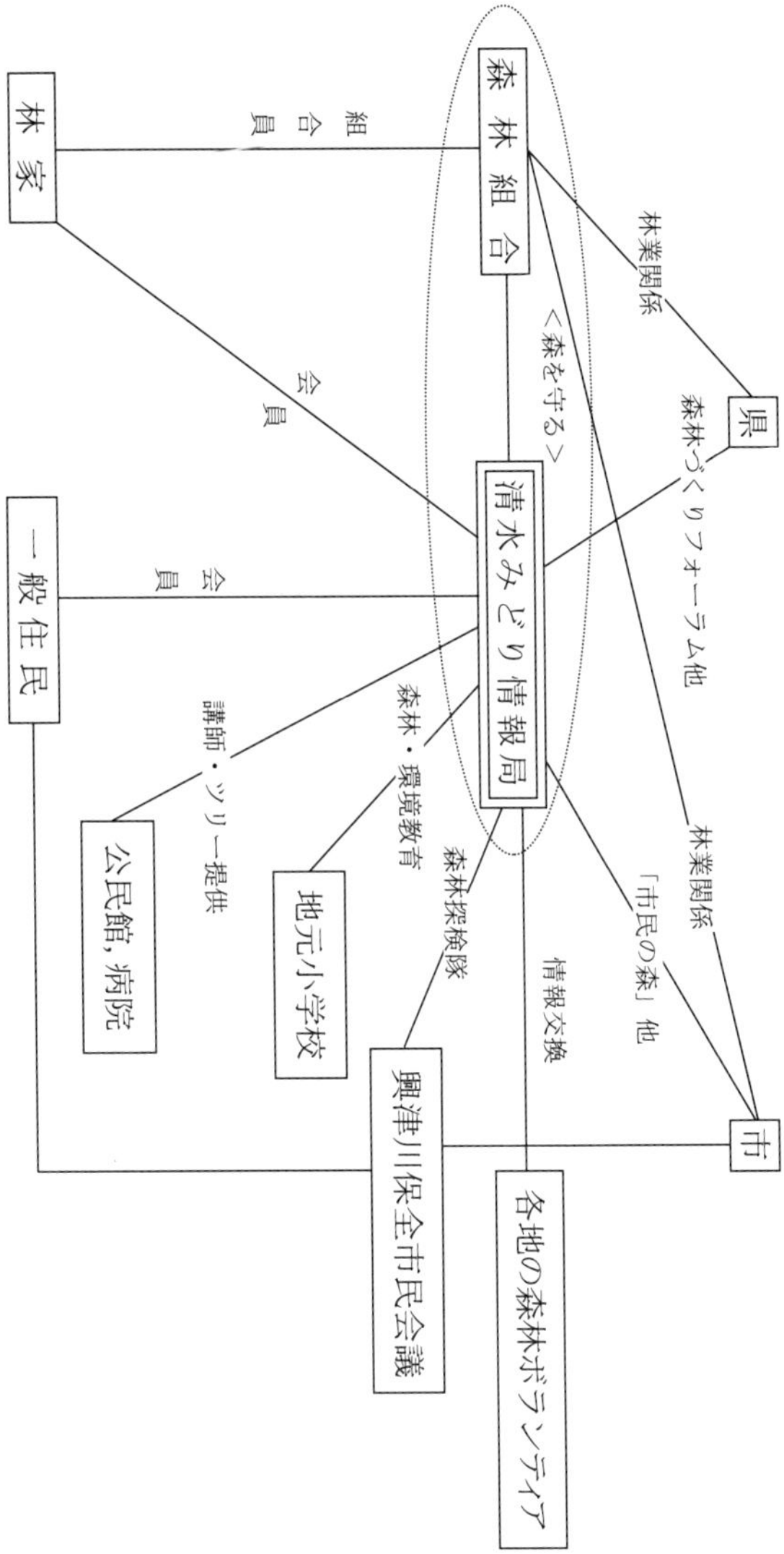
森林組合
林家
組合員
林業関係
県
森林づくりフォーラム他
<森を守る>
会員
清水みどり情報局
一般住民
会員
森林・環境教育
講師・ツリー提供
公民館，病院
地元小学校
森林探検隊
情報交換
「市民の森」他
林業関係
市
興津川保全市民会議
各地の森林ボランティア

図3-5「S-GIT」関係図

ラムへの参加など、森林ボランティア関係の横のネットワークを活かした情報交換も行っている。

## 3 「清水みどり情報局」の活動内容と特徴

### 都市住民と森づくり

S-GITでは、清水市民全体による森林管理を実践するためには、まず、多くの都市住民に森林及び林業の重要性を知らせることが大切であると考えている。しかし、日頃森林や林業に縁遠い都市住民に「森林管理は興津川の流域保全に重要です」と単に呼びかけるだけではなかなか理解してもらえない。そこで、森づくり作業等体験を通じた普及啓蒙活動を展開することとなった。また、その作業もイベント的に終わらせることなく継続的に行うことにより、都市住民にもしっかりとした林業技術が身につき、うわべだけではない森林の理解につながるとして、本格的な森づくり作業が行われている。

そのため、S-GITの森づくり作業は、チェーンソーやナタ等道具の手入れや使い方の講習、実際に山に入って樹木を伐採する「伐倒訓練」等を年間一五回程度行い、繰り返しながら作業を実施している。伐倒訓練では、三〇〜六〇年生程度の人工林で、伐採や集材技術等、実際の林業現場で必要となる本格的な作業が行われている。会員は、森林という非日常的な空間の中で、刃物を扱うスリルや共同作業の楽しみを味わいながら、熱心に作業を行っている。

森づくりに必要な技術指導は、林業関係者の会員が素人である都市住民（会員）に教える形をとっている。しかし、作業回数を重ねていくうちに、最近では高度な技術を身につけた都市住民の会員が増加し、教わる側から教える側に移る人が増え、組織全体のレベルが向上してきた。そのため、小学校等での森林教室や行政が主催する林業体験イベント等にも講師として参加することが増えている。このように、S-GITが森づくり技術をもった都市住民を養成することにより、その人達が核となってさらに多くの清水市民に森づくりの技術や知識を伝える体制が整いつつある。こうした積み重ねによって、次第に森林の理解者を増やし、清水市民全体で森林管理について議論する場がつくられてきた。

「S-GIT」の先輩に指導を受けながら間伐作業を行う

ところで、S-GITでは森づくりの技術にランク付けを行っている。例えば、山歩きができるあるいはチェーンソーのエンジンがかけられるといった初歩段階の人は「レベル1」、自分一人で伐倒作業をこなせる人は「レベル3」、作業技術はもちろん、人に的確に技術を教えることができる人は「レベル5」といった具合である。ランクは五階級設けられており、各人のランクは森づくりに欠かせないヘルメットの横に★マークのシールで示している。遊び心も入ったこのランク付けは、現場作業を活動の柱に据えているS‐GITにとって重要な安全対策となっている。というのも、素人である都市住民が多く参加する森づくり作業でもっとも大切なことは、安全な作業を行うことである。足場の悪い急斜面で、チェーンソー等の刃物を扱う危険な作業では、怪我などの事故が発生しやすい。その際、★マークがあれば、だれがどの程度の技術レベルを持っているのかが簡単にわかり、さらにお互いの気配りや安全確保を図りやすい。つまり、多くの素人が参加する場合の安全策として重要な役割を果たしている。(22)

### 森林組合との連携による森林管理

また、S‐GITでは、市民全体による森林管理を進める上で、森林組合や林家等既存の林業関係者との連携と共同を重視している。これは、先述したように清水市における今後の森林管理にとって都市住民が参画することは重要であると位置づけているものの、実際、休日を利用した活動となる森林ボランティアが山に入って行える作業量はごくわずかにとどまる。つまり、清水市全体の森林管理を都市住民だけで行うことは到底不可能としている。そこで、森林ボランティア組織であるS‐GITと林業のプロ集団である森林組合が手を組み、お互いに役割を補完しながら清水市の森林管理を進めようとしているのである。

具体的にその関係を見ると、S-GITの事務局は森林組合に置かれ、事務処理はもちろん、伐倒作業等のフィールドとなる林地の手配は森林組合が行っている。フィールドの確保は、現場作業を重視しているS-GITにとって重要であるものの、ボランティア団体であるS-GITが林家等から直接作業を依頼されることはごくまれで、小規模なフィールドであってもその確保は難しい。そのため、地域の森林・林業の取りまとめ役である森林組合と連携することで、フィールドが確保されているのである。

また、先述したようにS-GITでは本格的な伐採作業が行われているが、これらの作業を支えているのは森林組合や林家等の林業関係者の主体的な参加である。[23] S-GITが発足して一〇年目をむかえた現在（二〇〇一年）、会員の多くは印刷屋、農業機械の整備士、システムエンジニア、主婦、医者、公務員、教師など様々な職業をもつ都市住民で、林家や森林組合の職員等林業関係者の参加者は数名にとどまっている。しかし、少数ではあるものの技術をもった林業関係者が積極的に参加していることにより、チェーンソーを使った伐倒や集材等危険を伴う本格的な森づくりが可能となっている。

このように技術とフィールドをもつ林業関係者の主体的な関わりがS-GIT活動の基礎となり、そこに多数の都市住民が参画し、S-GITの活動が実現されているのである。

一方、森林組合にとってS-GITの存在は、森林の重要性や林業の意義を都市住民や行政にアピールする等、清水市森林組合の広告塔の役割を果たしている。組合員の林業ばなれが著しいなど組織の根幹が揺らぎ始めている中で、人口の圧倒的多数を占める都市住民に様々な働きかけを行うことは今後の森林組合の運営にとって重要であるとこれまでも考えられてきた。しかし、外部との接触が少なく、あまり積極的な働きかけは行われてこなかった。そうした中で、都市住民が多数参画したS-GITの存在は、外部に森林組合をアピールするきっかけとなっている。実際、S-GITの活動により都市住民や市当局に森林保全の大切さが伝わり、市単独の公共事業として「興津川水源機能強化推進間伐事業」等が設けられた。林業地でない清水市でこうした間伐事業が市の単独事業として設けられたことは、森林整備に対する市当局の態度が積極的に変化していることを示しているといえよう。

## 運営の特徴と持続性

S-GITの活動運営の特徴に、活動費を自らの技術力を使って生み出していることがあげられる。例えば、伐倒等現場作業を行う際、作業の依頼主から作業料を支払ってもらっている。森林組合に委託された作業をS-GITが行う場合には、委託した依頼主（林家等）にS-GITが伐採訓練として作業することを事前に伝え、作業費用を受け取っている。また、S-GITが林家等から作業を直接委託される場合にはプロの林業技術者に委託した場合の約七割を作業費用として受けとり、残り三割は依頼主に返している。(24) このほか、県や市が主催する森づくり教室や林業体験イベントの講師役あるいは運営を委託された際には、講師料や受託費を行政より受け取っている。また、昨年は伐倒作業で伐出した間伐材を市場に出荷している。こうして得た金額は、全収入の七割弱を占めている。このように自分たちの技術を活かして活動費を確保することを重視している理由は、補助金に頼らず、行政と対等・水平な関係を保ちたいという意向によるものである。かつての「林研グループ」の時代に、補助金があるからという理由で活動が続けられた結果、組織の主体性がなくなり、行政に対して自分たちの主張を適切に言えなかったという苦い経験がある。さらに、「ボランティア活動といえども、人が集まって活動を始めた時には必ず費用がかかる。それをいつまでも会費だけでまかなうのは持続的ではない」とし、できるだけ自ら収入を確保し、組織活動を健全に維持したいと考えている。

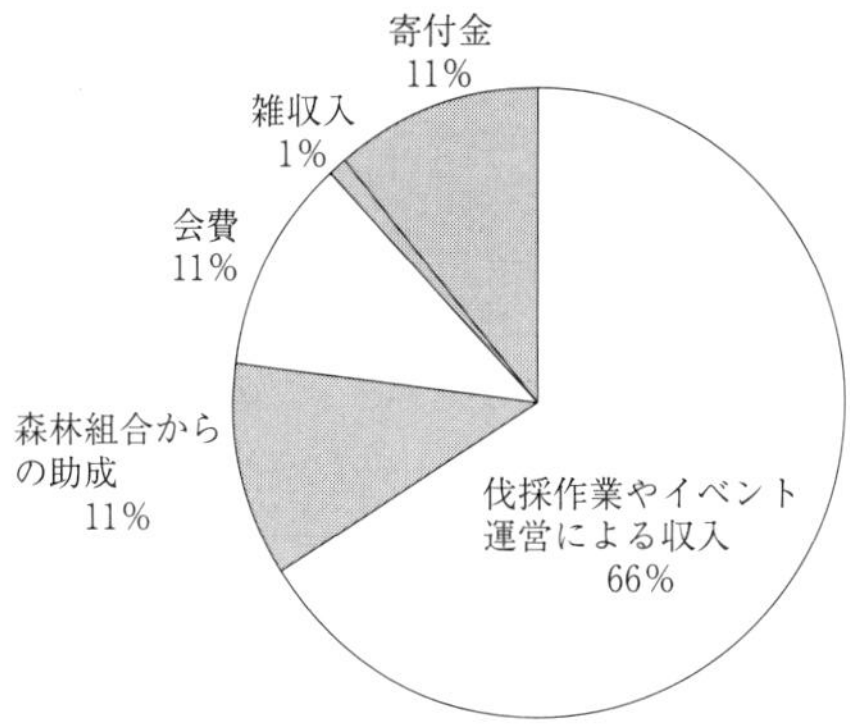

図 3-6 「S-GIT」の収入構成

　さらにユニークな点は、先に述べた技術ランクでレベル三以上の人には、伐倒作業等の場合、ガソリン代程度の「講師料」を支払う仕組みを設けている。ボランティア活動は無償性を基礎とするべきであるという議論もあるが、S-GITでは技術を他の人に教えたという理由で、有償ボランティア制度を進めている。わずかでも有償ボランティア活動を認めることにより、会員の手弁当をなるべく避け、行き詰まりやすいボランティア活動を持続的に運営していく工夫が図られている。

## Ｓ－ＧＩＴの意義と今後の課題

以上見てきたように、興津川では、都市化が進む地域における新しい森林管理として、流域の保全を目標に掲げ、山村住民だけでなく都市住民が参画した市民全体による森林管理が模索されている。この活動を進めているのが、林業技術やフィールドを持った林業セクターを土台に多くの都市住民が参画した森林ボランティア組織・Ｓ－ＧＩＴである。Ｓ－ＧＩＴでは、林業関係者と都市住民が一緒に活動できる組織としたことで、活動が活発化し、さらに活動の幅も広がっている。また、日頃森林や林業とは関係を持たない下流の都市住民にしっかりした森づくり技術を伝えることにより、上流の森林や林業に関心を持つ市民が増加し始めている。流域の環境保全に重要となる森林管理について、上流・山村住民だけでなく、下流・都市住民を巻き込んで流域が一体となって考える場が生まれつつあることは、大きな意義があると考える。

ただ、興津川流域の林家の森林への関心は急速に低下しており、今後世代交代が進む中で一層林業ばなれや森林ばなれが加速するだろう。それに伴い地域の森林や林業をとりまとめてきた森林組合の基盤が揺らぐなど、既存の林業セクターの弱体化が深刻な問題となる可能性がある。つまり、Ｓ－ＧＩＴが進めようとしている市民全体による森林管理において、重要となる実際の森づくり作業の主体をどこに求めるのかという根本的な問題がある。この重い課題に対して、森林の所有者である林家とその協同組合である森林組合、さらに上流の森林に関心を持ち始めた都市住民がそれぞれの役割を見つめ直し、その上で協力しながら市民全体による森林管理を実践するためにどのような仕組みを作っていくのかが今後の課題となるだろう。

(1) ㈶矢作川流域交流機構「矢作川に関する調査研究(平成一一年度)」二〇〇〇年。
(2) ㈶矢作川流域交流機構「矢作川に関する調査研究(平成一〇年度)」一九九九年。
(3) 建設省中部地方建設局「平成一二年九月一一日～一二日・矢作川出水状況(概要)」二〇〇〇年。
(4) 長野県根羽村調べ。
(5) 岐阜県上矢作町調べ。
(6) 明治用水土地改良区「明治用水土地改良区造林事業の概要」同「明治用水土地改良区一二〇年の歩み」二〇〇〇年。同「森へのメッセージ―明治用水水源涵養林」等参照。
(7) 清水協他「上流・下流の連携による〝流域社会〟づくり」『水源の森は都市の森』銀河書房、一九九四年、七二頁。
(8) 矢作川沿岸水質保全対策協議会「流域は一つ矢作川運命共同体浄化運動―30年報道集」一九九九年。
(9) NHK「〝白い川〟は清流に変わった」(未来派宣言)一九九九年一〇月七日放送を参照。
(10) NHK、同右参照。
(11) 矢水協の活動内容のうち、建設及び造成工事、排水・水質浄化等への抗議は、八五年くらいを境に徐々に減り、要請や調査・視察の割合が増していった。監視・調査の活動は、六〇年代後半の乱開発で〝死の川〟と化していた頃（年間一〇〇件ほど）から、七〇年代半ばの汚濁問題が改善しつつあった時期に減少し、七九年には年間五四件にまで減少し、現在は事業の二五％を占めている。現在、水質汚濁防止活動として、工場現場・工場等排水施設などの視察やその保全対策、処理施設等の適切な管理や運用について要請を行っている。矢水協事務局長、県・市町村職員を含む関係者、「矢作川をきれいにする会」らで、流域内の工事施工現場を視察し、濁水流出防止の対策についても確認する。そこで、環境保全にも留意した工事施工を要請、汚濁防止の対策（監視の強化と改善の徹底）について陳情するといった活動がされている。最近の活動では、廃棄物不法投棄防止の指導監督強化の要請やゴルフ場等の農薬使用量低減化調査なども行われている。

(12) 愛知県「愛知県土地開発行為指導要綱」一九七四年施行より。
(13) ㈶矢作川流域振興交流機構「矢作川流域の森林地域の環境と水に関する調査報告書」一九九六年。
(14) 国際連合地域開発センター・国際湖沼環境委員会・国際連合環境計画共同プロジェクト・ケーススタディ矢作川班「矢作川で生まれた流域の管理—絵で見る矢作川方式—」一九九〇年。
(15) NHK、同右参照。
(16) 秋津元輝「水質の管理による流域の統合—矢作川—」林業経済、一九九三年五月号。
(17) ㈶矢作川水源基金「矢作川水源基金二〇年のあゆみ」一九九九年。
(18) 本項は、主として清水協他『水源の森は都市の森』銀河書房を参考にした。
(19) 官行造林とは、大正期に制定された官行造林法によって生み出された制度であり、土地は村や民間が提供し、収益を分収する条件で植林やその後の育林経費などは一切国が負担するものである。かつては炭焼きなどのための広葉樹林も多かったという根羽村もいち早くこの制度に加わり、一九二二（大正一一）年以来、村には徐々にこの方式による林地が増えていった。そして制度が終了する一九四九年までの二七年間に、官行造林によるヒノキ・サワラなどの造林地は、村の森林面積の一六％にあたる一三〇〇ヘクタールにも及んだ。長野県内では比較的温暖で雨量が多いこの地域は、樹木の生育が良く、一九六〇年からこの植林地は伐期へ入り、営林署が年次計画のもと、毎年約四〇ヘクタールずつ伐採が進められた。

(20) 国際連合地域開発センター・国際湖沼環境委員会・国際連合環境計画共同プロジェクト・ケーススタディ矢作川班、前掲書。

(21) 「森づくりボランティア」や「森林ボランティア」という言葉がマスコミ等でも最近見られるが、その意味は論者によって多少の幅があるように思われる。例えば、すべての下準備は行政や地元林業関係者によって行われ、参加者である都市住民は山に来て、苗木を植えるだけというイベント的なものから、ある程度の技術を身につけた都市住民が自主的に集まって、特定の森林所有者や地域の林地を対象に一定期間継続的な作業を行うものまで様々である。本来、「自らの意志に基づいてサービスを行う人」や「とくに不快な事柄を自ら引き受ける人」といわれるボランティアの定義(鳥越皓之「いまなにゆえに環境ボランティア・NPOか」鳥越皓之編『環境ボランティア・NPOの社会学』新曜社、二〇〇〇年、五頁を参考)から判断すると、レクリエーション性の強い単発的に行われる林業作業体験・イベントは、森林ボランティアには含まれないと考える。しかし、実際には、そうしたイベントも多く、また、継続的に行われている活動かどうか判断し難い場合も多い。そこで、本節では森林ボランティア活動を広くとらえ、「植林や間伐等の山の作業・森づくりを森林保全を目的に自発的に行う人・組織」とする。

(22) 二〇〇〇年に林野庁が行った「森林づくりに参加するボランティア組織」を対象としたアンケート調査では、活動上苦労している点としては、「資金確保」が五五%と最も多く、次に「参加者の確保」四五%、「指導者の養成・安全の確保」三一%となっている(「日本農業新聞」二〇〇一年一一月一九日)。このように、森づくりにおける技術上の問題を抱えるボランティア組織は多い。

(23) 清水市森林組合は、組合員が約一四〇〇人(清水市の林家の約半分)、出資金は四〇〇〇万円程度、常勤の役員職員一〇名、素材取扱量は三〇〇〇立方メートルと森林組合の規模としては全国平均的な森林組合である。当森林組合では山の現場に携わる作業班員はおよそ一五名、この他に臨時的な作業を行う作業員が一五名程度登録している。日給制を基本とし、年齢は五〇～七〇歳程度と高齢化が進んでいる。都市部の森林組合ということもあって、就職を希望する外部、若者からの問い合わせも近年では増加しているものの、林家の林業ばなれが著しいなどこれまでの森林組合の経営基盤が大きく崩れてきていることから、清水市森林組合では新規採用は控えている。

(24) 料金の割引が行われる理由としては、森林組合の作業班が行うより作業日数が長く、また技術習得の場として利用しているためである。ここで気がかりなことは、「S-GIT」の作業が割引で行われると、ボランティア作業が「安上がりの労働力」として位置づけられ、そのため森林組合の作業班が適切な価格で仕事を請負えなくなることである。しかし、現状では「S-GIT」が行える作業量は年間で数ヘクタール未満に限られ、作業班による作業量を一〇〇とすれば一にも満たないほどごくわずかである。さらに、森づくりの技術の練習としての作業しか行われず、利益を追求した作業は行われないため、「S-GIT」と作業班が競合することはないという。

＊第四節は、文部科学省科学研究費補助金・基盤研究(B)(2)「山村地域の里山管理・利用における新たな主体形成(代表者：井上真)により実施した調査に基づいている。

# 第四章　破壊から再生をめざす長江・黄河流域

長江上流域での山地荒廃（四川省，小山内信智氏提供）

## 第一節　巨大流域の森林保護

### 1　中国の環境問題と流域保全

#### 森林再生の重要性

一九七八年の改革開放政策以降、上海等、沿岸部の工業化・都市化によって現代中国の経済発展はめざましく、二一世紀に入った今日でも依然として高度成長が続いている。その反面、公害・環境破壊、自然破壊問題は深刻なものがある。社会発展にとって車の両輪となる経済と環境は、両者のバランスがとれてこそ真の発展につながる。

現代の中国の環境問題は、経済発展・工業化にともなう大気汚染、酸性雨問題、水質汚染、廃棄物問題などが次第に深刻化してきた。その一方で、長い破壊の歴史を持つ自然環境をめぐる諸問題も解決すべき課題として認識されるようになった。砂漠化の進行と年々ひどくなる砂嵐、原生林・天然林の激減と絶滅種の増加、そして何よりも流域自然環境の悪化にともなって土砂災害や大洪水災害が頻発しだしたことである。洪水災害は、人命を奪うばかりでなく、蓄積されてきた富や生産基盤をも破壊し、巨大洪水は中国の経済発展を阻害しかねないものとなった。九八年長江洪水災害の時、下流の工業都市（武漢）を守るために上流の村々を犠牲にする「破堤」の選択を行わざるをえない状況にあったことが、そのことを如実に物語っている。

これらの自然環境をめぐる問題は、森林破壊と深くかかわりを持っている。長い歴史の中で人の営みによってもたらされた森林破壊と山々や大地の荒廃は、自然破壊のしっぺ返しとして多くの環境問題を生み、今日の中国にとってそれらの問題の解決なくして社会の発展はありえないほどの位置づけになってきた。むろん、改革開放政策後、一〇大植林プロジェクトの実施など順次自然環境対策に取り組んできたのであるが、とりわけ「巨大洪水災害ショック」を受けた中国政府は、その問題性をいっそう認識し、九九年には「生態環境建設計画」を策定し、長江・黄河等の流域環境保護を最重点課題の一つとした。生態環境建設計画では、砂漠化防止や荒廃した流域の水土流失防止、森林再生、傾斜農地の改造と退耕還林（急傾斜地での農耕をやめて森林に戻す）、草地造成、自然保護区の拡大等の総合対策が盛り込まれ、黄河流域の「水土保持改善プロジェクト」や西部地域の「退耕還林還草プロジェクト」、「天然林保護国家プロジェクト」等が実施されている。われわれが第一節で分析の対象としている長江・黄河中上流域でも退耕還林を含めた天然林保護プロジェクトが水源地域の対策として大きなウエイトを占めている。

## 巨大流域の管理と国家、住民

長江（揚子江の正式名称）は、標高六〇〇〇メートルの高峰を源とし、流路延長六三〇〇キロメートル、流域面積一八〇万平方キロメートル（日本の国土面積の約五倍）にも達する巨大流域である。中下流部には工業都市も発展し、人口も数億人という膨大な数にのぼる。下流の都市と上流の村々とは数千キロも離れており、日本の事例でみたような上下流交流や連携など毛頭考えられない流域なのである。黄河も同様に標高の高い雪山に源を発し、中国大陸を横断する巨大流域で、上下流の関係も似たり寄ったりである。

世界有数の河川である長江や黄河を治めること、すなわち大河そのものを治め、流域の山々を治めることは気の遠くなるほど大変なプロジェクトを組まなければならない。国家が主導する計画のもとに総合的な流域管理が必要となるゆえんである。

中国の歴史においてたびたび大洪水に襲われてきた中で、その対策は中下流に堤防を築くことであった。ようやく、山地を含めて流域視点で長江を治める対策がとられだしたのは一九九〇年頃に至ってからである。最初の契機となったのは三峡ダム建設計画策定時であり、コンクリートのダムを中心に据えて、ダム機能を維持するためには土砂流出の激しい中上流域の緑化が必要となった。このときは、基本的には土砂流出防止の視点から緑化プロジェクトが発足した（八九年、「長江中上流防護林プロジェクト」）。

そして第二の契機となったのは、九八年長江大洪水災害の発生である。三峡ダム建設計画を契機とするプロジェクトでは、財政的制約のもとでやりやすいところから一定期間人と家畜が山に入ることを禁止する「封山育林」などの手法で緑化が進められたが、流域の山地全体からいえば緒についたばかりの段階にあった。それが、洪水災害を契機に莫大な国家予算をつぎ込んで本格的な「緑のダム」づくりへと展開することとなった。とはいえ、上流域には広大な面積の荒廃地が存在するため、山を治めるためには長い年月と資金を必要とする。とくに後者は、国家管理の必要性と住民の山地利用のあり方の変更をともなう大きな転換の契機となった。

そのような流れの中で、現在の長江・黄河の中上流域では、生態環境建設計画の重点地域として天然林保護国家プロジェクト、退耕還林や水土保持プロジェクトなどが、とくに九九年以降、国家主導のもとに住民を巻き込みながら大規模に進められているのである。

## 2　長江等洪水災害と黄河断流問題

### 頻発化する洪水災害

九八年の夏、長江、松花江、嫩江を中心に中国全土に大洪水が発生した。洪水の発生区域の広さ、持続時間の長さ及び水位の高さが、いずれも歴史上有数のものとなった。この水害によって、全国の被害面積は二〇〇〇万ヘクタール余り、死亡者数は四〇〇〇人近く、罹災者数は二・五億人以上、そして、直接被害額が二〇〇〇億元、という莫大な被害を受けていたことがその後の政府統計で明らかにされた。

歴史上の水害と比較してみると、近年の水害は以下の特徴を持つことがわかった。

第一に、水害の発生頻度が加速的になっていることがあげられる。新中国成立（一九五〇年）以前の過去八〇〇年間における長江流域内の鄱阳地区（江西省）の水害発生頻度はおよそ三年に一

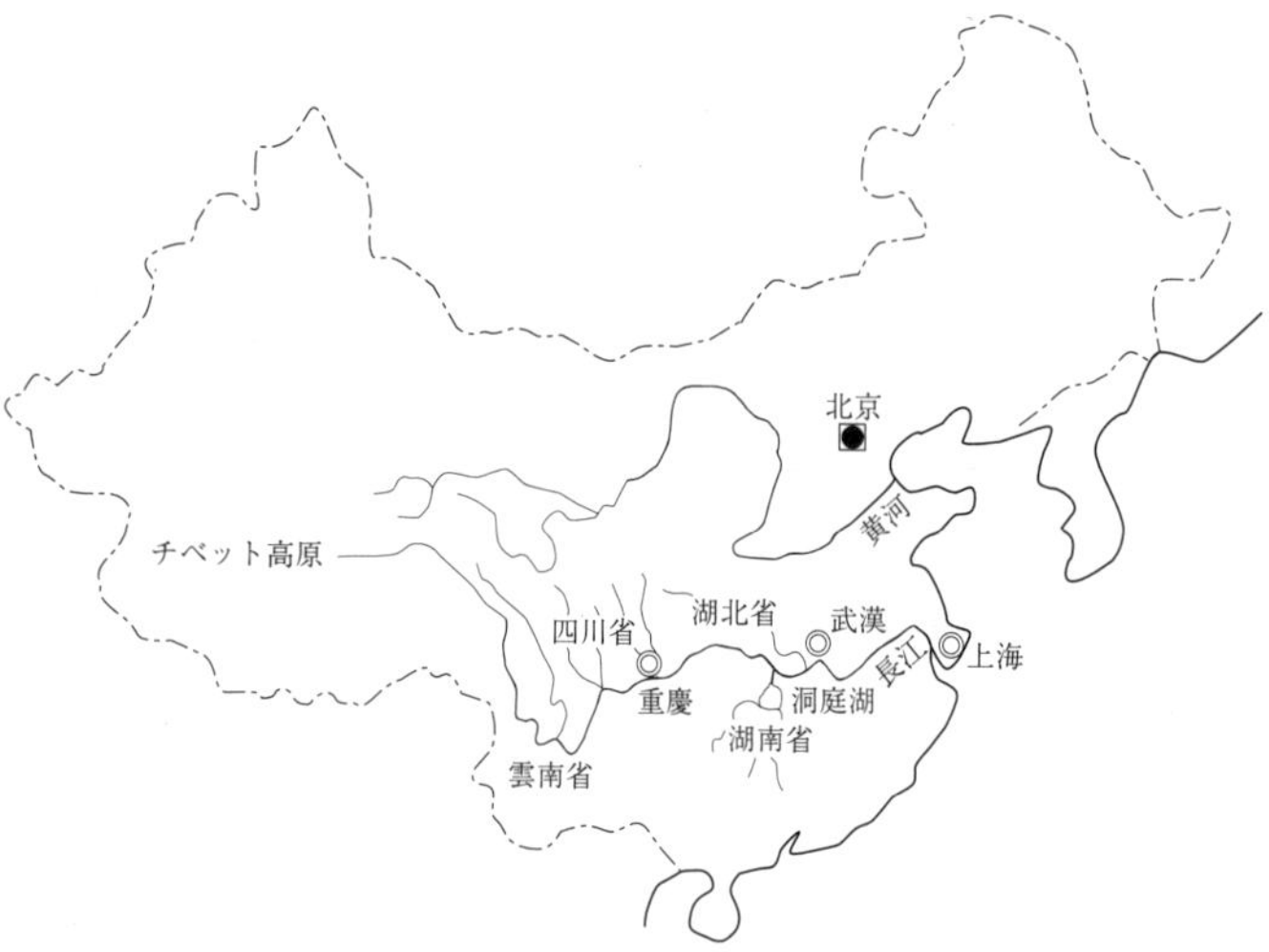


図4-1　長江・黄河の主要流域図

度の割合であった。それが、一九五〇年以降、当該地域の水害発生頻度が三年に二度の割合にまで上昇し、とりわけ九〇年代に入って以来、ほとんど毎年のように洪水が発生し、二年に一回の割合で大洪水災害が起きるようになった。

長江の調節池と言われる洞庭湖での洪水発生頻度をみると、やはり時代が現代になるにつれてその頻度は急激に高くなっていることがわかる。すなわち、三世紀から一六世紀ごろにかけては、洞庭湖の大洪水の発生は八〇年に一回の割合であったものが、一六世紀から一九世紀にかけては一六年に一回の割合となり、さらに二〇世紀には、三、四年に一回の割合で洪水災害が起きるようになった。とくに一九九〇年代には、大洪水の発生頻度が加速する傾向にあり、洞庭湖に流れ込む湖南省内の四大河川をまとめて見れば、ほとんど毎年洪水が発生し、被害額も拡大する一方である。

第二に、水位が異常に上昇することがあげられる。歴史資料によると、一九五四年七月に、湖北省宜昌水位観察ステーションを通る最大瞬間流量が毎秒六万六八〇〇立方メートルとなった際、その上流域に位置する沙市の最大水位が四四・九五メートルであったが、一九九八年、同観察ステーションの最大瞬間流量が六万三〇〇〇立方メートルであったものの、沙市の最大水位は四五・二二メートルに達し、石首と監利観察ステーションが沙市のそれよりもっと高い水位を記録した。

第三は、洪水の際、湖沼が遊水池機能を失ったことである。たとえば、長江流域の最大の湖である洞庭湖の場合、一九四九年以前では長江に洪水が発生するたびに、洞庭湖が宜昌洪水量の五〇%ほどを吸収し巨大な遊水池機能を果たしたが、その後縮小の傾向をたどった。一九五一年から六六年までは三七%に、七二年から八八年までは二六%に下がり、そして九八年大洪水発生の際、洞庭湖は長江の洪水を吸収する能力を完全に喪失した。これは、洞庭湖が埋め立てと上流の荒廃による土砂流入によって狭く浅くなったことに起因する。

## 洪水災害頻発の要因―森の破壊と山地荒廃

なぜ、ひどい水害が近年頻繁に起こっているのであろうか。その主な原因として、上中流域の森林破壊と中下流域の土砂堆積・河床上昇があげられる。上中流域の森林破壊に関してみると、一九五〇年代初期の森林率は三峡ダム地域が三〇%台で、上流部は四〇%台であったが、九〇年代にはその二分の一ないしは三分の一へと減少しており、河岸部周辺地域においては森林減少の割合はさらに大きいのである。

まず、中流部に位置する湖北省西部地域では、森林率は四〇%以上減少してきた。たとえば重慶東部地域においては、五〇年代後半までは比較的豊かな森林が残されていたが、八〇年代初頭までの間に森林は約半分へと急速に失われ、現在では森林率は二三・一%にまで減少した。こうした森林・緑の喪失の反面、荒廃地は拡大の一途をたどった。すなわち、未植林荒廃地は一一〇万ヘクタールに達し、さらに土壌流失面積は三三五万ヘクタールにも拡大した。重慶市全体の土地総面積に占める土壌流失地区面積の割合は実に五二・八%にも達し、この荒廃した地域からは一・四億トンという大量の土砂が三峡ダムに流れ込んでいるのである。

長江の上流部に位置し、水源地帯としてもっとも重要な位置を占めるといってもよい四川省においては、過度な伐採と山地での農地開墾の結果、傾斜農地が四五七万ヘクタールも存在する。そのうち二五度以上の急傾斜が一八〇万ヘクタールにも達した。こうした山地・傾斜地での森林から農地への転換は、周辺の農地以外にも浸食を引き起こすことによって土壌流失面積を二〇〇〇万ヘクタールにも拡大させたのである。

四川省とともに、長江上流部で大きな位置を占める雲南省では、土壌流失面積が全省土地総面積の三七%をも占め、不毛の砂漠化と石山化が進行しており、その面積は一一・五万ヘクタール

山地での傾斜地農耕は土壌浸食を招き，大量の土砂が長江に流出する
（四川省にて，小山内信智氏提供）

に達する。長江上流域での激しい土壌流失は長江そのものだけではなく、省内の他の各水系流域にも大きな影響を与える。雲南省には、山崩れ、土石流等災害の多発地が二〇万カ所もあり、荒漠地になってしまう県が一〇〇以上を数える。

また、貴州省は長江・珠江上流部に位置し、土地総面積の六五・三％が長江流域に入り、大きな支流が三峡ダムに直接に流れ込む。貴州省内の長江流域では、二五度以上の傾斜畑が六一・二万ヘクタールも耕作されており、その結果、耕作地周辺部も含めて土壌流失面積は三六七〇万平方キロメートルに達し、長江に流れ込む土砂の量は毎年一・九億トンと推定されている。

破壊される前の長江上流部における森林資源は主に四川省西部、雲南省北部高山深谷地区に分布しており、面積は三八九〇万ヘクタール、森林率は五〇％、その保水力は四〇〇〇億立方メートルと推定されていたが、現在では、森林率が二一・九％に減少し、森林土壌のもつ保水力は一〇〇〇億立方メートルに著しく低下したのである。森林破壊の進行とともに、土砂流失が激しくなり、石化ないしは基岩の露出した土地面積が拡大し、川水の沙（砂）含有量が大幅に増加している。

とくに、長江中上流域の傾斜地での農耕方式がこの現象をいっそうひどくする。大雨によって、急傾斜の耕作地は崩れ、数年後（ひどいところは二、三年後）には廃棄地となり、ほかの傾斜地の開拓によって新たな破壊が引き起こされる。長江に流れ込む土砂の七〇％がこのような傾斜地から流出したものであり、四川、雲南、重慶の合計土壌流出面積が三八九〇万ヘクタール、長江水系への年間土砂流出量は約八億トンとなり、ダムや水力発電所に大きな影響を与えるのである。

それによって、三峡ダム地域内およびその上流部における土壌流失面積が一九五〇年代の二九九五万ヘクタールから八五年の三五二〇万ヘクタールに拡大し（四川省だけで二四八〇万ヘクタールを占める）、毎年五億二六〇〇万トンもの莫大な量の土砂が三峡ダムに流れ込んでおり、中下流域の洪水災害問題ばかりでなく、ダムそのものの機能を維持するためにも上流部の激しい土砂流出は深刻な問題なのである。

九〇年代初期から生態系保全、水害防止を目的とする「長江保護林プロジェクト」の実施に伴い、この地域の森林率が少しずつ回復してきたものの、とくに荒廃がひどい四川、雲南などの上流部では安全な森林の構造を作るまでにはほど遠く、森林の有する保水機能の回復には、人と自然が共生できるような生態環境を重視した思い切った山地利用の転換を進める必要がある。

森林破壊の主たる原因としては、何よりも森林伐採・経営活動において永続的利用原則に背いた過剰伐採と粗放経営に陥り、科学的な技術を重視した循環型利用を実践しえなかったことがあげられる。それによって、土砂流失、地力退化、国土保全機能の低下等の問題をもたらしたのである。また、集団所有地での農耕・放牧利用の拡大も森林破壊に拍車をかけてきた。それに加えて、水害防備に関しては、長い間、生態的環境改善の措置を重要視せず、ダム建設を中心とする水利施設建設が主流的な手段となり、環境保護を目的とする政府の投資が少なかったのである。

次に、大量の土砂流失がダム容量の縮小、河床上昇、通航域の減少をもたらしてきたことについてふれておこう。長江流域における水土流失面積が三六〇〇万ヘクタールに達し、毎年の土壌の浸食量が二四億トン、そして長江から海への流出量が年間五億トンであることが行政の統計で明らかとなった。このデータを元に概算してみると、長江の川底及びその周辺の湖の湖底に堆積する土砂の量は一九億トンに達することとなる。その分川底や湖底が上昇し浅くなって、洪水が起きやすい状況がつくりだされるのである。

また、長江の遊水池機能を果たしてきた洞庭湖の場合は、農地造成のために埋め立てられてきたことと上流からの土砂流入があわさって、水域面積は一八二五年の六〇万ヘクタールから一九八〇年の二六万ヘクタールへと減少の一途をたどっている。洞庭湖観察ステーションの資料によれば、一九五一年から八〇年まで、年平均で洞庭湖に堆積した土砂量は一億トンもあり、湖底は毎年三センチメートルの速度で上昇している。その結果巨大な遊水池洞庭湖もその機能は低下の一途をたどっている。

## 黄河断流とその要因

周知のように、長江と並ぶ大河である黄河は、近年、下流部において一滴の水も流れなくなるという断流が頻繁に起こるようになった。一九七二～九八年の二六年間のうち実に二一年間発生しており、平均の年間断流日数は五〇日に達する。しかも、九〇年代の断流延長距離および期間を七〇年代で比較すると、前者は二四三キロメートル一九日間であったものが、後者では、四二七キロメートル一〇七日間に拡大しており、とりわけ九七年の断流日数は二二六日で、その距離は最長一〇〇〇キロメートルにも達した。

断流の原因は、工業や農業の発展に伴う水利用の増大、とくに農業用水として大量に取水が行われだしたことと、もう一方では森林の減少・劣化等の自然破壊の進行にあると分析されている。前者に関しては、九九年から対策がとられ、水量予測およびダムの貯水状況による水の使用計画を決定し、それに基づいて使用水量の管理（規制）の強化を進めたところ、二〇〇〇年には過去一〇年間においてはじめて断流が起きなかった。水使用の管理強化によって断流はコントロールできたが、しかし黄河の水は不足状態にあり、流域の水土保持といった基本的な対策がとられない限り、水枯れは再び起こる可能性は高い。以下に流域の森林劣化、山地荒廃の問題に簡単にふれておこう。

山西省、陝西省、内蒙古、遼寧省、青海省、河南省の大部分の地域が黄河流域に属する。森林破壊にともなう生態環境問題が最も深刻なのは黄土高原地域で、面積は六四〇〇万ヘクタールであり、世界で最も広い黄土地域である。年間降水量が四〇〇ミリと少ない乾燥地帯であり、今からおよそ二〇〇〇年ほど前に漢民族が農耕を開始して以降、それまで半分は森林に覆われていたものが、今では大半の森林は失われ、植物は少なく、裸地をさらす高原から深くきざまれた浸食谷が発生し、土壌流失がきわめて深刻な地域である。土壌流失面積は総面積の約七〇%を占め、常時濁流となる黄河の土砂は主としてここから流出しているのである。そして、黄河は流入してくる大量の土砂により、その河床は年々高くなっており、天井川を形成するようになった。平均すると周囲より三～五メートル高くなっており、河南省の新郷では、実に二〇メートルも高くなっているほどである。このため、黄河流域のおよそ八〇〇〇万ヘクタールに九千万人が居住しているが、このうち四〇〇〇万人は河床の上昇（天井川

黄土高原は土壌浸食によって谷が形成され，土砂流出が激しい．ここは緑化による改善途中段階にある

化）によって、洪水災害の危険にもさらされているのである。

また、黄土高原は水資源が著しく不足しているため、農業は畑作しか行われていない。耕作面積は広いが収穫量が少なく、生産高も長期にわたり低い上に安定しない。このことから、農民の生活は苦しく、貧困人口が広範囲に分布している。この地域の農村の貧困問題を解決し、悪化した生活と生産環境を改善するためには、そしてまた、黄河流域の治水を改善するためには、生態環境改善のスピードを上げることが必要である。

## 3　天然林保護国家プロジェクトの開始

### 九八年洪水災害から天然林伐採禁止へ

九八年に、朱溶基国務院総理は長江流域の視察を経て、森林保護に関する指示を出した。その指示の主な内容は以下の通りである。

第一に、長江・黄河中上流域の天然林伐採を全面禁止し、植生の回復、水土流出の防止、災害の予防を図ること、そして第二に、長江・黄河の幹流堤防を補強し、洪水を防止するとともに、川底を浚渫し、水防と排水の能力を向上させることである。そして、実施の財政措置として、生態環境改善並びに耕作地水利工事などの基盤施設整備のため国債一〇〇〇億元（約一兆五〇〇〇億円）を追加発行することを指示した。

これによって、王志宝国家林業局長が同年談話で森林造成の方針を固めた。その内容は、次のとおりである。
一、長江・黄河中上流域の天然林伐採を全面的に禁止し、生態環境保全区域の伐採を禁止すること。
二、造林を推進し、耕作地を林地に還元（退耕還林）させること。
三、かまどの改良・石炭の導入などによる農村エネルギー問題を解決すること。
四、水土流失と生態環境の悪化の心配のない地域で、成長の速い樹種を集約的に造成管理することを通して用材林の造成を行うこと。
危機的ともいえる流域の環境悪化の現状をふまえ、まず、対策の基本として九八年から天然林保護国家プロジェクトを開始した。それは、水土保全上重要な役割を担う大河川の源流域、ダム周辺、急傾斜地などに位置する森林（主として天然林）の保護を図ろうとするものである。雲南、四川、貴州、湖南、湖北、江西、重慶、陝西、甘粛、宁夏、新彊、内蒙古、吉林、黒竜江、海南の国有森林企業、長江及び黄河の中上流域の地方森林企業、天然林伐採を経済の柱とする国家林業局が直接の指導対象となった。

プロジェクトは二期に分割して実施される。九八年から二〇〇〇年までの第一期では、天然林伐採の抑制、生態公益林の造成と保護を図り、それまで森林伐採に従事していた労働者の失業対策（植林作業への転換）を進める。二〇〇一年から二〇一〇年までの第二期では、引き続き生態林の造成・保護を進めるとともに、資源の育成、木材供給能力の向上、経済の復興と発展を目指す。具体的には、森林経営を分類（ゾーニング）することにより経済と環境保全の均衡を図りつつ、生態環境の改善と水土保持及び水源涵養に資するとしている。

プロジェクトの対象地域は水土保持、生態環境保全上重要である長江・黄河の中上流域であり、流域内に禁伐区（コアゾーン）と緩和区（バッファーゾーン）からなる生態保護区を設ける。禁伐区は、河川源流部や大型ダム、湖の周辺、高山の急傾斜地などの破壊されやすく、復旧の困難な地区で、天然林、人工林ともに伐採を禁止し、傾斜地の農地の林地への転換を図り、同時に一定期間人と家畜の入山を禁止する封山育林によって森林の回復を図る。一方、緩和区は禁伐区に隣接した地域で、生態環境の脆弱な地区であるが、資源の状態を見ながら適度に択伐や保育伐を実施することが可能である。

生態保護区以外の地域において、地勢が比較的平坦で立地条件がよく、森林伐採後に生態環境に深刻な影響を与えることがないと予想される地域は用材林経営区とする。この用材林経営区においては集約経営を行い、用材や工業原料用として早生樹を主体とした積極的な植林を実施する。これにより、市場への木材供給や林産品の需要を満たし、天然林を保護することをめざす。

### 具体的な流域山地の保護対策

長江の場合は、丘陵や山地の耕地改善を中心とし、小範囲流域と山間地を総合的に改善し、森林と草原地を回復、拡大させ、土壌浸食をくい止めることをめざす。そのため、国家林業局は、天然林を保護し、重点森林区の構造を調整することを指示し、天然林伐採の停止と林業の単純労働者を森林保護管理へと転換させ、土壌保持林、水源保持林と人工草原地を造成する計画を立てた。そして、計画的な段階を経て傾斜二五度以上の山地は森林・草地に戻し、二五度以下の傾斜地は段々畑にする。水、土、草地資源に農村エネルギーやその他の自然資源を合理的に活用して、無秩序な開墾・乱伐や過度の利用を禁止し、人為的な土壌流失をくい止めることとしている。

政府は、長江の洪水対策と同等に黄河の断流対策も重要であると位置づけている。黄河中上流域においては、県を基本的な単位として流域を小さく区分し、段々畑、用水路、貯水池などを耕地に活用し、農業インフラ整備と生態環境の再生を図るなど、総合的に活用保全して、土壌浸食をくい止め、できる限り黄土を流出させないようにすることを目的としている。その中で、丘陵地を耕作地や森林にもどし、草、灌木、喬木を組み合わせ森林被覆率を上げる。黄河の土砂災害が最も大きい地域では、水土保持林を積極的につくり、土砂の流出による災害を減少させる。雨水の効率化と節水灌漑を展開し、乾燥地農業を普及させ、産業を積極的に発展させ、農民の所得向上

残されている天然林の保護区指定もすすめられている（湖南省にて）

を支援する。

黄河流域における重点整備区は以下三地域に分けられている。

重点整備区の第一は、黄河中流土砂流出地域である。小浪底ダムより上流部に位置する甘粛省、寧夏、内蒙古、陝西、山西、河南の六省にまたがり、全部で一八五県（市、区）が含まれる。総面積二七九八万ヘクタール、有林地面積は四九三万ヘクタールで、森林率は一七・六％である。区域内の土砂流出面積は一九四六万ヘクタールで、全面積のほぼ七〇％を占めており、そこから黄河に流れ込む土砂量は一四億トン（これは黄河への土砂流出量の八九％）にも達する。

第二は、黄土高原風砂地域である。内蒙古及び陝西省の楡林地区にある一部の県を含み、全部で一七県である。面積は一〇二六万ヘクタール、うち森林率は約一〇％である。砂漠化が大きな問題となっており、特にここ数年来の炭坑や油田、天然ガスの開発によって加速され、黄河へ流れ込む土砂量は年間三・七億トンに上る。

第三は、青海省黄河源流域である。青海省黄河源流及びその上流地域の七市三四県で構成される、総面積三四一〇万ヘクタール、森林率は四％にすぎない。土砂流出面積が二六八万ヘクタール、黄河への土砂量は〇・八億トンである。毎年一三万ヘクタールの規模で砂漠化が進行しており、牧草地の劣化による経済的な損失は五億元に達している。

## 退耕還林等総合施策の実施

また、天然林保護国家プロジェクトの実施効果を確保するために、計画と合わせて次の施策も推進しようとしている。

①傾斜地における農地の森林への転換を内容とする退耕還林の促進

土砂流出は、傾斜地の耕地から大部分発生しているとの分析に基づき、傾斜が二五度を超える斜面の耕地を植林し、森林へ転換する。

②生態系モデル事業の推進

山村地域の貧困脱出のため、経済林（果樹林）や用材林の造成、養鶏、養豚など、農家の収入向上を図る。

③山火事対策、及び病虫害防除策、乱伐の防止策の強化

山火事で年間植林面積六〇〇万ヘクタールに相当する面積が消失しており、中国の森林・林業行政にとって大きな課題の一つであり、今後この側面の対策を強化する方針が打ち出された。そのほか、北方のカミキリ虫、南方の松食い虫防除を課題とし、乱伐の防止のために、違法伐採への取り締まりも強化する。

④「重点整備区」への重点投資の重視

中央政府、省政府、県・区・市政府においては、直轄事業や農民による植林を推進するため、資金負担を行うが、重点整備区に対しては、これ以外の地域より投資を傾斜配分している。

例えば、普通地域においては農民一ヘクタールあたり三元程度の補助を行うが、重点整備区においては一〇元程度の補助が出る。

⑤個人、団体による林木保有制度の普及

政府の植林の投資には限りがあることから、個人や団体に意欲を持たせ、彼ら自身を植林に積極的に参加させる手法を導入した。具体的には、新森林法第二六条、二七条に造林の請負制を明記している。県レベルの地方政府が植林を実施したものに「林権証」を発行し、個人が植林した樹木の利用権を対外的に明らかにする制度が設けられている。この林権証は相続や譲渡が可能である。

⑥小流域総合整備事業の展開

効果的な森林造成を達成するために、単に植林事業にとどまることなく、地域住民の生活の向上まで視野に入れた総合的な開発事業である。九六年より、政府独自の事業として山間地区総合プロジェクトを全国一一九県で実施している。具体的には、二五度以下の傾斜地の畑の段々畑への改造、経済林・果樹林(ミカン、茶、モモ、アンズ、クルミ、ナシ、クリ、シュロ等)の造成、優良農地の造成とともに、灌漑の導入、電化や道路、学校などのインフラ整備を行っている。

## 4　天然林保護国家プロジェクトの実施と住民

### 計画案成立の経緯と実施効果

一九九七年に林業部が中央指導部と国務院の指示に従い、重点森林地域天然林資源保護プロジェクトの計画を策定し、翌九八年から実施に移した。その矢先に大洪水災害が発生し、中央指導部と国務院がさらに「大水害後の復旧、江河整備と治水に関する意見」を発表し、〝長江・黄河上中流域の天然林伐採を全面的に禁止し、伐採企業を営林生産へ移行させる〟との意見を強調した。これによって、国家林業局（前林業部）が計画の内容を大幅に変更し、環境保護に転換を図り、長江・黄河上中流域に位置する一部の国営木材伐採企業と国営林場も実施範囲に組み入れた。調整後の実施範囲は一二の省・市・自治区を一八の省・市・自治区に増やした新しい案を一九九八年一二月に国務院に提出した。

九八年に発足した天然林保護プロジェクトは、修正案が成立する二〇〇〇年までの間に、その実施範囲は雲南省、四川省、重慶市、貴州省、陝西省、甘粛省、青海省、新彊自治区、内蒙古自治区、吉林省、黒竜江省等、併せて一二の省・市・自治区の重点国有林地域を含めていた。財政資金が不足するにもかかわらず、政府は巨額資金を投下してこのプロジェクトを支えた。九八年からの二年間において、政府の投資額は一〇一・七億元となった。そのうち、長江・黄河上中流域に位置する雲南省、四川省、重慶市、貴州省、陝西省、甘粛省、青海省の重点国有林地域への

表4-1　長江・黄河上中流域の「天然林保護国家プロジェクト」(2000年修正）の概要

| | | |
|---|---|---|
| **対象地域** | 長江流域 | 雲南省，四川省，貴州省，重慶市，湖北省，チベットの6省 |
| | 黄河流域 | 陝西省，甘粛省，青海省，宁夏自治区，内蒙古自治区，山西省，河南省の7省 |
| **実施期間** | 第1期　2000～2005年 | 第2期　2006～2010年 |

**実施目標の概要**

①3,038万haの対象地域内天然林の伐採禁止

②3,080万haの森林地，灌木林，未成林地を対象に「封山」，検査ステーションの設置や個人請負によって効果的な保護と育成を図る。

③植林・植草適地1,273万haに森林造成を実施する。
（封山育林367万ha，航空播種713万ha，人工植林193万ha）

**伐採量削減と森林率増大計画**

| | | |
|---|---|---|
| ①伐採量 | 長江流域 | 1,037万m³（97年）→ 97万m³（2010年） |
| | 黄河流域 | 279万m³（97年）→ 16万m³（2010年） |
| ②緑化率 | 森林率 | 17.5%（97年）→ 21.2% |
| | 森林・草地被覆率 | 25.9%（97年）→32.2% |

表4-2　長江・黄河上中流域の「天然林保護国家プロジェクト」の土地・森林状況

| 総土地面積（万ha） | 林業用土地面積（単位：万ha） | | | | | |
|---|---|---|---|---|---|---|
| | 合計 | 有林地 | 灌木林 | 疎林地 | 無林地 | 未造林地他 |
| 22,911 | 8,955 | 4,014 | 1,913 | 367 | 2,465 | 196 |
| | （有林地のうち国有林1,969万ha，集団所有林2,045万ha） | | | | | |

国家投資額が三七・三億元に達している。九九年末までに、伐採計画がたてられていたプロジェクト実施区域内において二三三〇万ヘクタールの天然林が保護されている。そのために禁伐令の発布、伐採器具の使用停止、木材市場の閉鎖、マスコミ宣伝の強化、道路上検査ステーションの設置等の措置を講じて、天然林保護政策の実施効果を高めている。また一方では、伐採禁止は失業につながるため、この二年間において合計面積三八七万ヘクタールの公益林造成（環境植林）と保育作業を実施し、森林管理・植林・育苗分野へ約一七万人の労働者・住民の転換を図っ

た。

二〇〇〇年「プロジェクト」修正計画の概要が表4-1に示されている。対象面積は日本の国土の六倍に相当する広大な地域であり、わずかに国有林に残された優良天然林資源は、それまでの一〇%以下に大幅な伐採削減を図り、一方では荒廃地の植林・緑化と封山育林によって森林率ならびに草地被覆率、すなわち森林・緑に覆われた土地を増やそうとする計画である。

### 天然林保護への転換と雇用対策

この計画を実施する過程で、とくに国有林で伐採等に従事したり、加工工場で働いていた労働者の雇用対策が必要になる。伐採の大幅削減によって予定実施区内で働いていた三四万人もの国有林業企業と国営林場の労働者のうち二五・六万人の仕事が失われる。その雇用対策なくしてはプロジェクトの成功はありえない。

修正計画では、二五・六万人の労働者・住民の就労対策として以下の四つを提示している。

①森林を護る仕事へ転身させること。奥地森林地域においては余剰労働者の一部から護林隊を作り、封山の方式で管理させる。里山森林地域では余剰労働者の一部と契約し、個人請負制を導入して森林管理に当てる。この対策によって再就職者が八・一万人が見込める。

②営林と林内資源開発へ転向させること。営林と林内資源開発とは、苗の育成・供給、公益林の造成、林内での養殖業や薬草、山菜などの特産品生産への従事である。この対策で森林関連産

表 4-3　森林造成方法別の費用概算

| | |
|---|---|
| 封山育林　（総費用見込み約 39 億元） | 人口が比較的に集中している里山のケースでは，封山の実施期間 5 年で 1050 元／ha の基準で投資する．人口の少ない奥山の場合は，道路検査ステーションを設置して管理強化を通じて山の閉鎖（封山）を図り，森林を育成する． |
| 航空播種　（総費用見込み約 54 億元） | 空中播種費は ha 当たり 750 元が必要であり，これに封山育林の費用も加えると里山は 1800 元／ha，奥山は 750 元／ha の基準となる． |
| 人工植林　（総費用見込み約 80 億元） | 長江上流部は 3000 元／ha，黄河上中流域は 4500 元／ha の基準で実施する． |

業に七・二万人の就労が可能になる。

③一時金（安置金）の手渡しを通じて従来の雇用関係を解除すること。「国務院における若干都市の国有企業倒産及び労働者再就職に関する補足通知」（九七年国務院第一〇号）を参照し、自力で再就職先を求める労働者に対して国有林業企業所在地の前年度企業平均労働者賃金の三倍以内の基準で安置金を手渡し、従来の雇用関係を終結させる。この対策で五・九万人が別の仕事に就労できる見込みである。

④企業再就職サービスセンター（職業訓練所）に入らせること。社内失業の労働者に対して、サービスセンターは三年間基本生活費を支給し、労働者の医療・養老・失業の社会保険費用の返済不要を前提に代納することとなる。契約した三年後、依然として再就職をはかれない場合、センターは保障の義務を中止し、元々就職していた企業に彼らに対して経済補償金と生活費用補助金を支給する義務がある。この方法で、四・四万人が林業を離れることとなる。

以上のように、集団所有林も含む森林管理や林業関連産業への従事者が一五万人見込めるが、残りの一〇万人余は他産業への転職を余儀なくされる。

そのため、プロジェクト実施にあたっては、新たに発生する森林管理費用、植林や封山育林費（表4-3参照）など環境改善費の他に、労働者の転職に伴う社会保障的費用も莫大な額に達し、プロジェクトの総額は五五三億元（うち中央政府負担は八〇％の四二六億元、残りは地方政府負担）を要すると算定されている。

## 第二節　植林緑化プロジェクトと生態環境建設計画

### 1　一〇大プロジェクトから六大プロジェクトへ

#### 植林緑化プロジェクト

中国の国土面積は九六〇万平方キロメートル（九億六〇〇〇万ヘクタール）、森林面積は一・三億ヘクタール（一九九五年時点）であり、森林率は一四・三％にすぎない。国土が広く、気候風土等地域間の格差が大きいことから、生態環境は多岐にわたる。

東部は平野が多くを占め、夏は雨が多く比較的湿度も保たれている。経済的にも発展過程にあり、生態環境は比較的良好である。

西部は年間降雨量が少なく乾燥しており、高海抜地では寒冷な上に、交通の便が悪く、経済的には未だ貧困な状態にある。生態環境は劣悪で緑の回復は極めて困難である。

中部は地形が複雑で脆弱な生態環境のうえに長期にわたり資源の過度な消費があったために、資源生態系のバランスが崩れている。このことから、中部は土壌流失と荒廃地の問題が最も深刻な地域であり、生態系の回復と環境保護の重点地域である。長江・黄河中上流域はこの地帯に含まれる。

これに東北部や南部といった異なる条件の地域も加わり、森林保護や植林緑化の方法もそれぞれ違ったものとなる。たくさんの性格、内容の異なるプロジェクトが作られる理由である。再編整備の前には、木材生産機能を高める林業プロジェクトもあわせると、その数は一七に達したほどである。以下では植林プロジェクトに限定して述べよう。

さて、本格的な植林緑化プロジェクトは一九七八年の三北防護林プロジェクトから始まった。その後八〇年代後半から九〇年代半ばに次々とプロジェクトが実施に移されてきた。これらをまとめて一〇大林業生態プロジェクトと呼び、対象地域と植林目的（農地保全、水土保持、台風災害防止等の公共目的）を明確にし、目標（実施期限と植林面積）を定めて実施されてきた。これらはいわゆる基本計画であり、実際にはさらに細分化された計画に基づいて事業が行われている。

一〇大プロジェクトのうち、特に河川への土砂流出の防止（水土保持）を目的としたものは、「長江中上流防護林建設」、「黄河中上流域保護林建設」などである。国家林業局では、九八年より一〇大プロジェクトをベースとして、生態環境の悪化が著しい長江、黄河の二大河川流域に植林や草地造成に加えて治山治水工事など総合的な事業を行う「重点整備区」を設置し、「生態環

表 4-4　10 大林業生態プロジェクト

| | 植林目的 | 開始時期(年) | 植林目標 | 植林実績 |
|---|---|---|---|---|
| 三北防護林(東北,華北,西北地域) | 乾燥，半乾燥地帯の厳しい状況を緩和し，農業等の発展を図る． | 1978 | 2050 年までに 3,500 万 ha | 99 年までに 2,827 万 ha を植林 |
| 太行山緑化 | 北京，天津の水源地帯である太行山系を緑化し，平原地域の生態環境の改善を図る． | 86 | 2000 年までに 693 万 ha | 99 年までに 315 万 ha を植林 |
| 農地防護林 | 中国の耕地面積の45%を占める東北・華北平原における防護林を造林する． | 88 | | 99 年までに 35 万 ha 造成植林 |
| 長江中上流防護林 | 中国の大動脈である長江流域の水土保持を図るための植林事業を行い，洪水防止，三峡ダムの土壌堆積を防止する． | 89 | 30～40 年で 2,000 万 ha | 99 年までに 493 万 ha を植林 |
| 沿岸防護林 | 遼寧省の鴨緑江河口から広西省の北流河口までの海岸線を台風・海岸を台風・海岸浸食等から守る． | 91 | 2010 年までに 360 万 ha | 99 年までに 115 万 ha を植林 |
| 砂漠化防止 | 植栽，封山育林，空中播種等により植生の回復を図る． | 93 | 2000 年までに約 660 万 ha を管理下におく | 99 年までに 126.5 万 ha を植林 |
| 黄河中上流域防護林 | | 95 | 2010 年までに 315 万 ha | 99 年までに 51.7 万 ha を植林 |
| 准河太湖流域防護林 | | 95 | 2005 年までに 113 万 ha | 99 年までに 17 万 ha 植林 |
| 珠江流域防護林 | | 96 | 2050 年までに 667 万 ha | 99 年までに 12.9 万 ha |
| 遼河流域防護林 | | 96 | 2005 年までに 120 万 ha | 99 年までに 22.7 万 ha を植林 |

資料）国際協力事業団「中国植林協力基礎調査団・四川省森林造成モデル計画短期調査員報告」及び聞き取り調査から作成

境重点整備事業」を実施に移してきた。また、「砂漠化防止事業」（対象地は北部中心に広範に分布）のうち、河川流域における事業も長江・黄河上流域の環境改善に資するものである。

さらに特筆すべきなのは、これらの事業を強化するため二〇〇〇年に「天然林保護プロジェクト」に組み入れられたことである（この内容については前節で述べたとおりである）。そして、一〇大プロジェクト（ないしは林業を含む一七大プロジェクト）は二〇〇一年には生態環境建設計画の流れの中で六大プロジェクトに再編された。

## 六大プロジェクトへの再編

これまでのプロジェクトにはいくつかの問題点があった。資金投入水準が低いプロジェクトも少なくないし、プロジェクト間の実施範囲が重なり、目的や機能がきちんと明確にされていないものもあった。また、管理の混乱や連続性の欠如、そして技術と規模の問題もあって実施効果が低下してしまい、国全体の生態環境の改善整備と林産物供給力の増強にそれほど寄与していなかった。そこで、重点建設プロジェクトの持つべき効果を確保するためには、国家林業局が従来のプロジェクトを一七から六に再編した。先に挙げた環境保護のための一〇大プロジェクトに生産林造成なども含めた一七の林業プロジェクトがあったが、それは地域を対象としたものであった。これに対して六大プロジェクトは性格別、方法別に基づいたものである。

二一世紀の中国の森林保護と再生そして林業林産力の改善を促進する六大プロジェクトの主た

表4-5　6大林業重点建設プロジェクトの概要

| |
|---|
| 1　天然林保護プロジェクト<br>洪水災害を防ぎ生態環境改善を目的とするプロジェクト．<br>①長江上流域，黄河上中流域の天然林の伐採活動を全面的に停止する．②東北，内蒙古国有森林地域の木材伐出量を削減する．③その他の地域の天然林資源を保護する． |
| 2　重点防護林体系建設プロジェクト<br>砂漠化・砂災害（三北地域）及び周辺荒廃地域の生態環境の改善を目的とする．従来の重点プロジェクトの多くがこのプロジェクトに再編されている．①三北防護林プロジェクト，②長江中下流域及び淮河・太湖流域防護林プロジェクト，③沿海部防護林プロジェクト，④珠江防護林プロジェクト，④太行山緑化プロジェクト及び平原緑化プロジェクト． |
| 3　退耕還林還草プロジェクト<br>農耕・放牧による山地荒廃を防ぎ，重点地域の土壌流出・地力低下・洪水等災害を防止することを目的とする．これは，6大プロジェクトの中で，農山村住民の参加度が最も高い新しい生態系改善プロジェクトであり，西部地域で試験的に開始している． |
| 4　環北京地区防沙治沙プロジェクト<br>目的は首都圏を脅す砂嵐・黄砂問題の改善を目指すためのものである．首都ないし中国そのものの“イメージ再建プロジェクト”ともいわれ，従来のプロジェクトの1つに位置付けていた環北京・天津生態系建設工事の主体プロジェクトでもある． |
| 5　野生動植物保護及び自然保護区建設プロジェクト<br>動植物・生物多様性の保護，自然保護，湿地保護事業の強化を目指すことを目的とする．これは，世界的な生態系保護の潮流の中で将来世代と民族発展のために意義を持つ生態系保護整備プロジェクトである． |
| 6　重点地域における早生用材林を主とする林業・林産業基地建設プロジェクト<br>中国林業・林産業振興の目標を実現させることを目標とする．<br>上記5つのプロジェクトが環境改善・保護のためのプロジェクトであるのに対して，これは産業としての林業発展を目指すもので，南部や東北部などが主たる対象とする． |

る内容は表4-5の通りである。

## 2 全国生態環境建設計画

### 生態環境建設計画の概要

「三北」防護林、長江中上流防護林、沿岸防護林などの一連の林業生態プロジェクトを実施し、黄河、長江等の土壌流出の防止、砂漠化の防止、乾燥地での耐干・節水農業技術を普及させるなどして、政府による生態環境改善に向けての四〇年間にわたる努力の結果は一定の成果をえてきた。それにもかかわらず中国の生態環境は依然として厳しい状況にある。それは次の五つに分けられる。

①荒廃山地の拡大と、そこからの土壌の流出が日増しに激しくなっている。
②砂漠化の面積が広がりつつある。
③天然林伐採にともない森林の公益的機能が低下している。
④草地の退化・砂漠化・アルカリ化（三化）が進んでいる。
⑤生物多様性が著しく破壊されている。

これらの問題が深刻化し、日増しに劣化してゆく生態環境は中国の経済・社会に貧困の激化、発展への悪影響及び長江洪水のような災害の大型化と発生の多発をもたらしているのである。

九九年一月に発表された「全国生態環境建設計画」（以下「本計画」と略称）は、生態環境に関す

表 4-6　全国生態環境建設計画の概要

**生態環境建設の方針と努力目標**

生態環境建設計画では，全国に広く影響のある重点地域と重点プロジェクトを優先して実施し，可能な限り短期間に成果を出すこととしている．計画期間は 50 年で科学技術を駆使し，住民や流域の人びとを動員し，既存の天然林及び野生動植物資源の保護を図る．植林による植生の回復，土壌流出の防止，砂漠化の防止などを図り，総合的な管理手法のもとに生態環境の改善に重要な効果が期待できるプロジェクトを完成させることによって生態環境の悪化を制御する．21 世紀の半ばまでに全国の土壌流出対策を実施し，緑化に適する土地での植林を進め，「三化」草地を回復させるなど大部分の地域の生態環境の改善を図る．

**計画の目標**

2050 年までに，既存の天然林及び野生動植物資源の保護を強化することとし，緑化の推進・土砂流出の防止・砂漠化の抑制によって生態環境の悪化をくい止めることを最終目標に掲げている．さらに全体を以下の 3 期間に分割し，それぞれ短期・中期・長期の目標を定めている．

**短期目標**（1999～2010 年）

水土流失の制御と砂漠化の抑制を重点項目としている．具体的には 6,000 万 ha の土砂流出地域を治め，森林面積を 3,900 万 ha 増やし，森林率を 19% まで上げる．また，傾斜地の畑を 670 万 ha 改善し，500 万 ha の耕地を森林に戻す．特に傾斜地の畑については 25 度以上のものは林地に返し，25 度以下のものは段々畑に作り替える．

**中期目標**（2011～2030 年）

重点地区から全国規模へ活動を拡大する．土砂流出地域の 60% 以上を治め，砂漠化地域の 4,000 万 ha を改善する．森林面積を 4,600 万 ha 増やして森林率を 24% にする．

**長期目標**：(2031～2050 年)

持続的発展が可能な生態系を全国で構築する．土砂流出地域はほぼ治められ，植林予定地域のすべてで実施が完了し，森林率は 26% に高める．

表 4-7　全国生態環境建設計画目標値

| | 2010 年まで | 2030 年まで | 2050 年まで |
|---|---|---|---|
| 水土流失改善面積 | 6,000 万 ha | 目標の 60% 以上 | 完了 |
| 砂漠化改善面積 | 2,200 万 ha | 4,000 万 ha | － |
| 植林増加面積 | 3,900 万 ha | 4,600 万 ha | 完了 |
| 森林被覆率 | 19% 以上 | 24% 以上 | 26% 以上 |
| 傾斜農地改造面積 | 670 万 ha | － | 完了 |
| 退耕還林面積 | 500 万 ha | － | － |
| 農地保護林網 | 1,300 万 ha | － | － |
| 草地造成改良面積 | 5,000 万 ha | 8,000 万 ha | － |
| 草地改善 | 3,300 万 ha | 目標の 50% 以上 | 完了 |
| 自然保護区面積 | 国土の 8 % | 国土の 12% | － |

る最新の計画である。本計画は、国家計画委員会により作成後、九九年一月に国務院常務会議で承認をえた。生態環境に関わる長期的な指導役割をもつものであり、持続可能な発展と近代化の実現において、生態環境の保護と建設を重要な基本方針の一つとして位置づけている。国家が計画を策定し、国民経済と社会発展計画に組み入れている。本計画の概要は表4-6に示している。

**四大重点地域**

二〇一〇年までの短期目標実現のために、現在生態環境がもっとも脆弱で、全国的に与える影響も大きいと考えられる以下の四地域を重点地域と定め、集中的に取り組むこととしている。

①黄河中上流域

傾斜耕作地の改造と水路の管理を基本とし、草本・低木類を優先して植栽して森林・草原の植生回復と被覆率の拡大を図り、黄河に流入する土砂量を抑制する。黄土高原を重点として、天然林保護、土壌流失総合管理プロジェクト、林業草地管理・節水灌漑等の複数プロジェクトからなる生態農業建設プロジェクトを優先的に実施する。二〇一〇年までに土壌流失管理一五〇〇万ヘクタール、造林面積九七〇〇万ヘクタールをめざしている。

②長江中上流域

長江中上流域は総面積約一億七〇〇〇万ヘクタールに達し、このうち約三分の一に当たる五五〇〇万ヘクタールが土壌浸食に見舞われている。この地域は山地が多く平野が少なく、生態環境は複雑で疲弊している地域も少なくない。上流域は長期間にわたって行われてきた傾斜地での無理な耕作や放牧ならびに森林の大量伐採によって、生態環境の破壊や土壌浸食が進んできている。中流域は、森林・草原の耕地化が著しく進んだため土壌浸食が深刻で河川やダムに土砂が堆積しており、洪水や土砂災害の発生が激化している。

このような状況のもとで、土砂流出が深刻で下流域の安全保障上重要な嘉陵江流域、雲南省金沙江流域、四川省西部地域、三峡ダム区などで傾斜地を段々畑に改造することを主体とする耕作地の基盤整備と小型水利施設を整備し、また、天然林保護プロジェクトを実施して、天然林区域にある森林企業の産業転換を早め、天然林の伐採禁止、造林の促進、生態農業プロジェクトの実施及び土壌保持耕作技術の普及を行う。二〇一〇年までに土壌流出管理一六〇〇万ヘクタール、造林面積一五〇〇万ヘクタールを完遂する計画である。

黄河地域と長江地域における生態環境建設の手段として、計画で以下の項目を挙げている。第一に丘陵の耕地改善を中心とし、小流域と山間地とを総合的に改善し、森林及び草原を回復・拡大させ、土壌浸食をくい止める。第二に、天然林を保護し、重点森林区の構造を調整することを指示し、天然林伐採の停止と林業単純労働者を森林の保護・営林に転換させる。第三に、土壌保持林、水源林と人工草地を造成する。第四に、二五度以上の丘陵地は森林・果樹林・草地に戻し、二五度以下の傾斜地は段々畑に改良する。第五に、水、土、草地資源などを合理的に活用し、盲目的開墾、乱伐、過度の草地の利用を禁止し、人為的な土壌の流失をくい止める。

③飛砂地域

砂漠化の最も激しい半旱魃（干ばつ）、農耕と牧畜が入り混じって行われている地帯を重点地区として、砂漠化の拡大を抑制する計画であるが、農業・牧畜業の生産性の向上も併せて図る必要がある。砂漠化地区の植生増加を主とし、「三北」保安林、砂漠化防止管理、土壌浸食総合管理を九〇〇万ヘクタール、耕作地保安林造成を一六〇万ヘクタール完遂する計画である。

④草原地域

草地の粗放経営を集約経営に転換し、牧畜業の生産水準を向上させ、草地化と牧畜業の持続的利用及び発展を実現させる。内蒙古、青海省等で「三化」草地管理と草地鼠虫害防除等のプロジェクトを実施する。二〇一〇年までに人工植栽と草地改良が二六七〇万ヘクタール、人と家畜を入れない隔離育成草地の造成八〇〇万ヘクタールが目標である。

**生態環境建設に関する政策内容**

全国生態環境建設計画に関する政策として、以下の項目の実施をあげている。

①指導の強化及び企画の完全実施

各政府機関は生態環境建設を重要な活動と位置づけ、積極的に取り上げ、指導を強化し、企画目標の完遂に努める。生態環境建設地域は、部門、業種にまたがる総合的な技術体系であり、国家計画委員会が関連機関と協力して、指導を強化し、行動を調整する。各地域及び各部門は全体計画に基づきそれぞれの計画プロジェクトを実施する。

②法律体系の整備による生態環境の保護・管理

「環境保護法」、「土地管理法」、「森林法」、「水法」、「土壌保持法」、「草原法」、「野生動物保護法」等の法律の周知徹底を図り、関連法律・規則の制定を促進し、国家・人民全体による環境の保護・管理に努める。生態環境が脆弱な地域にあっては、いかなる理由であっても、森林、草地を破壊したり、水質の汚染、土地の浪費を許さず厳格に保護・管理するなどの施策を講じる。

③科学技術の普及

植樹植生、土壌保全、砂漠化防止、草地造成、節水農業等に関連する科学技術を広く普及するとともに、生態環境建設技術のための人材を養成する。それぞれの地域の環境に適する優良品種の育成に力を注ぎ、普及を図る。また、小流域総合管理技術、森林水流減速技術（森林による保水能の増加による流出率減少技術のこと）、発根剤利用などの先進的技術の普及を図るなどの対策を講じる。

④「四荒地」対策の続行と完備

荒れ地、荒れ溝、荒れ丘陵、荒れ河川敷きの改造と合理的利用は生態環境建設の重要な内容である。しかし「四荒地」改造投資は収益の回収に長期間を要しかつリスクも大きいので、長期間の安定政策が必要である。国営企業、集団及び個人の経済主体が「四荒地」の使用権を購入することを許可し、また、使用権を購入した経済主体が株式制度、株式会社合作制等の新たな形式で、

「四荒地」土地の経営を許可し、使用権は一回五〇年とし、その改造開発の成果は相続及び譲渡の対象にできることとする。

⑤重点プロジェクトの実施

生態環境建設プロジェクトは国の基本的建設手続きを厳格に行い、管理されることになる。重点区域にある各政府機関は国の定める重点建設プロジェクトにおいて、科学的な計画と設計を義務づけられ、経済的、技術的検討がなされる。国は生態環境建設プロジェクトについて特別な管理方法を制定することになっている。

⑥資金投入体制の構築

国、地方、集団、個人とも参加して多コース、多段階、多方面の建設資金を調達する。銀行の資金の活用を図るとともに、外国の資金を積極的に導入し、外国からの長期間、低利の借款と無償資金を生態環境建設プロジェクトに優先的に活用する。また、人々を広範囲に動員し、積極的に植樹植生の活動を促進する。労働累積工作制度（農民の義務化された労働奉仕の制度）を続け、農村の余剰労働力と農閑期を利用し生態環境建設を行う。「造成した者が所有権を持ち、共同した者は所有権を共有する」という政策を堅持し、人々の生態環境建設と保護への積極的参加を促進させる。

## 退耕還林還草プロジェクト

九八年洪水を契機として、国家重点林業生態系回復プロジェクトの一つに位置付けられる「退耕還林還草プロジェクト」は九九年に西部地域でスタートした。二〇〇一年現在では依然として試験段階にあるが、その範囲は二〇の省（区、市）、二二六の県に拡大した。現在の退耕還林還草計画面積は、耕地をやめて植林したり草地化する土地が三三万ヘクタールで、禿げ山と荒廃地において植林植草を行うところが五〇万ヘクタールである。それに対応して、同年度の中央財政計画投資量は三六億元、食糧の計画補助量は一九億キログラム（農家あたり一五〇キログラム）となっている。プロジェクトにおいては、経済林植林に対して五年間、公益林に対して八年間の食糧、現金補助を行うこととなり、環境改善のための植林である公益林面積の造成を中心とし、果樹中心の経済林面積の割合を二〇%に限定している。

このプロジェクトが成功するかどうかは、中央政府の環境改善目標と地方政府の税収目標、退耕還林還草を行う農家の収入目標という三者のそれぞれ異なる目標をどう調和するかにかかっているであろう。試験段階で現れる問題としては、以下のことがあげられる。

第一に、経済林造成と公益林造成しか重視せず、農家収入の確保と環境機能の改善に役立てる木材生産林（用材林）の造成が排除されたことがあげられる。第二は、将来における一戸当たり退耕還林地の小規模による経済効果が低下することを十分考慮していないことである。第三は、試験範囲が広がり過ぎで、資金をバラ蒔き的に使い、退耕が必要な傾斜地が退耕できず、必ずしも緊急性を要しない所が退耕したというように成果が十分期待できなくなることである。そして第四は、退耕地の農家にとっては、生態環境林造成を行うメリットはなく、ほとんどはクルミ、クリなどの果樹（経済林）を選択する傾向にあり、環境保護の視点からは十分とはいえないことである。

## 第三節　北京市の流域環境再生の先発的取り組み

北京市の水源流域の山地もかつてはひどく荒廃し、黄土高原につながる少雨地帯であるにもかかわらず、夏季のまとまった雨によって土砂災害や洪水災害に見舞われてきた。そうした荒廃した水源流域が首都の盛衰を左右する「水瓶」であるが故に再生への取り組みは、他地域よりも積極的に行われ、中国における流域環境保護の先発的事例といってよい。そのような位置づけで北京市の取り組みを紹介する。

### 1　森林造成の歴史的展開

北京市は、日本の秋田県とほぼ同じ北緯四〇度に位置し、東京都の約八倍にあたる一六八万ヘクタール（四国とほぼ同じ面積）におよそ一二五〇万人が暮らす中国の首都である。年平均気温は一〇・九度、年間降水量は東京都の四〇%程度の六六〇ミリにとどまるなど、寒冷で乾燥した気候となっている（表4-8）。

次に、北京市の森林概況を整理すると、森林面積はおよそ三三・七万ヘクタール、総面積に占める森林の割合（森林率）は一八・九%と全国平均の一六・六%を超えている。[1] しかし、森林面積の約七割は若齢林が占め、[2] 蓄積量は六八六万立方メートルにとどまり、森林一ヘクタールあたりの蓄積量は二〇・四立方メートルと中国平均のわずか三割程度になっている。このように北京市の森林は、面積的には一定程度の広がりが見られるものの、若い森林が多く、大木が生い茂った森林はあまり見られない。これは、降水量が少ないことや石質岩と呼ばれるもろい土壌が多く分布している等、もともと樹木の生育にとって自然環境が厳しく、さらに奥地や傾斜地にも多くの人口を抱えているため林地への開発圧力が強いこと等が影響している。さらに、北京市は長年にわたる戦乱と無秩序な開墾や乱伐により、森林や草地を繰り返し破壊してきた歴史を持つなど、社会的にも森林造成を取り巻く環境は厳しい。

表4-8　北京市，東京都の概況

| | | 北京市 | 東京都 |
|---|---|---|---|
| 総面積 | (万 ha) | 168.2 | 21.8 |
| 総人口 | (万人) | 1,250 | 1,300 |
| 森林面積 | (万 ha) | 33.7 | 8.2 |
| 森林率 | (%) | 18.9 | 37.6 |
| 平均気温 | (度) | 10.9 | 16.4 |
| 年間降水量 | (mm) | 660 | 1,552 |

資料）北京市…第五次森林資源調査
東京都…「林業統計要覧」2000年等を参考に作成

こうした中、人民共和国建国直後の五〇年代初頭から、北京市では森林造成を進めてきた。以下では、その動向について、

表4-9　密雲ダム「集水区」の水源林造成

| | |
|---|---|
| 1950年代末～60年代後半 | 密雲ダムの建設（58～60年）<br>周恩来氏の「密雲ダム」建設見学を機に「集水区」では荒廃地緑化（「退耕環林」），果樹園造成開始<br>薪炭不足→薪炭林造成拡大 |
| 60年代末～70年代末 | 文化大革命の影響で森林造成の停滞 |
| 70年代末～80年代 | 水源林造成が本格化<br>封山育林の試験開始（80年）<br>飛播造林の試験開始（81年）<br>クリやアンズ等の経済林造成が拡大（80年代）<br>「三北防護林プロジェクト」の対象地となる（82年）<br>封山育林が本格的に開始（84年）<br>「京津（北京・天津）周辺緑化プロジェクト」（86年）<br>飛播造林が本格的に開始（87年）<br>「密雲ダムの水源林造成を今後6～8年で完成する」ことが北京市人民大会で決議（87年）<br>「北京市水源重点保護地区」（89年） |
| 90年代 | 「北京市水資源管理条例」（92年）<br>「北京市密雲ダム，懐柔ダム水源保護管理条例」（95年）<br>「中国・ドイツ合同密雲ダム流域防護と経営に関するプロジェクト」（98年） |

資料）『中国林業50年』中国林業出版社，北京市林業局資料

九九年に中国林業出版社から出された国家林業局編『中国林業五〇年』等をもとに簡単に振り返っておこう。

北京市で森林造成が開始されるのは、五〇年代初頭である。当時、北京市では「万里の長城からは見渡す限りのはげ山・荒廃地が広がっていた」と言われるほど森林・植生は消滅し、洪水や干ばつ、風害、飛砂等の自然災害が多発していた。そのため、北京市では荒地・荒れ山を治め、人々の生活を守るための緑化対策としての森林造成が開始された。その方策としては、軍隊や学校、工場等に呼びかけ、組織的な森林造成が行われた。当時、新政権に対する圧倒的な支持のもと、多くの人々を動員した積極的な森林造成が行われ、記録では五〇～五七年までの八

年間の造林面積が七・五万ヘクタールに達している。これは、五〇年当時の北京市の森林面積がわずか二万ヘクタール（森林率は一・三％）にまで減少したことを考えると驚異的な数字といえるだろう。その後、五八〜六〇年ごろには「イギリスを一五年で追い越せ」との掛け声のもとで過伐が進められたものの[3]、同時に緑化活動も続けられ、六〇年代に入ると緑化活動の成果が徐々に表れ始めた。六五年の北京市の森林面積は一六・七万ヘクタールになった。

しかし、六〇年代後半になると文化大革命の影響により、森林造成は停滞した。例えば、食料増産のために森林を農地に開墾することが奨励される一方で、造林投資が大幅に削減され、さらに政策の混乱から盗伐や乱伐も多発した。こうした状況は七〇年代半ばまで続いた。

そして、文化大革命が終わり、改革開放政策が始まった七〇年代末以降になると、北京市の森林造成は再び開始された。特に、六〇年代後半から七〇年代前半ごろ森林造成の停滞等の影響で、北京市では七〇年代半ばごろから砂嵐の被害が拡大し、「外に出る時は、風沙を避けるためメガネやスカーフが必要となった」といわれるなど市民生活に影響が出始めていた。そのため「森林造成を進め、砂漠化を防止しよう」という気運が高まり、水土保全を目的とした防護林[4]が積極的に造成された。また、八〇年代に入ると山間地や傾斜地でも高い所得が得られるクリ等の経済林が注目され、農民による造成活動が盛んに行われた。以上のように、「文化大革命」の時期に一度停滞した北京市の森林造成は、改革開放政策という歴史的転換をむかえた七〇年代末以降には、水土保全を目的とした防護林と農民の生活向上を目的とした経済林を中心に森林面積が拡大した。

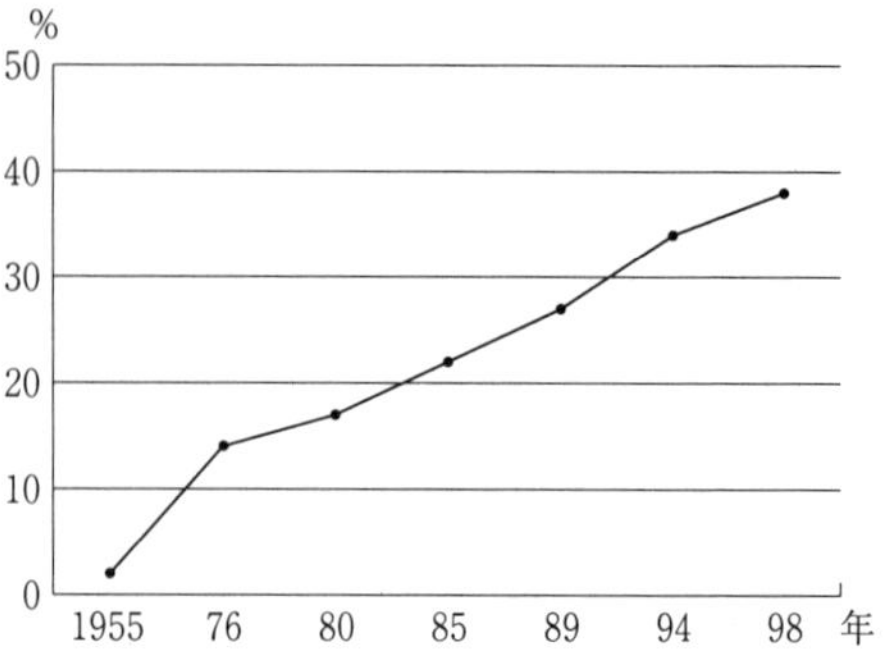


図4-2　北京市の林木被覆率の推移

そして、八五年に人民共和国として初めての森林管理に関する総合的な法律として「森林法」が制定されると、森林造成に関する法整備が進み、八〇年代後半ごろから水土保全を目的とした造林プロジェクトや水源地造成の拡大のための政策が積極的に打ち出された。具体的には、八六年には「京津周辺地区造林緑化計画」(京＝北京、津＝天津)、八九年には山間地域の緑化を行い平野部の砂嵐を抑えることを目標とした「北京市造林緑化構想」(八九～二〇〇〇年)[5]が発表され、さらに二〇世紀末の北京市の林木被覆率を四〇％にする目標を盛り込んだ「北京市都市総合構想」(九一～二〇一〇年)がたてられた。こうした様々な政策的な後押しの結果、林木被覆率が上昇した(図4-2)。

さらに、九〇年代後半になると中国全体の森林政策が木材生産重視から水土保全重視となったことから、北京市では防護林の造成が一層積極的に推し進められている。中でも、北京市では近年渇水や砂漠化問題が深刻化しており、その対策の一つとして水源地・密雲ダム周辺の水源林造成が重要になっている。

## 2　北京市の水源林造成

### 北京市の水不足

北京市は、もともと水資源に乏しく、市民一人あたりの年間水資源量は四〇六立方メートルと中国平均（二二七三立方メートル）の五分の一、日本（三三五三立方メートル）と比較すると八分の一にとどまっている。(6) とくに近年、渇水問題が深刻化しており、二〇〇〇年春には、過去一〇年の中で最も深刻と言われるほど砂嵐が吹き荒れ、夏には極端な雨不足により北京市の水瓶・密雲ダムの水位が例年の半分にまで低下し、「このままの状況が続けば、三〇年後には砂丘が北京に到達する」(7) とさえいわれている。

こうした中で、一〇〇〇キロメートル以上離れた長江から渇水に苦しむ北京市等に水を運ぶ壮大なプロジェクト・「南水北調」が二〇〇一年三月の全国人民代表大会（全人代＝国会）で採択された「第一〇次五カ年計画案」（二〇〇一～〇五年）に盛り込まれるなど、(8) 国家レベルの対策も模索され始めている。また、北京市では、水利施設の建設や節水型の都市計画等を進めるのと同時に、北京市民の水瓶である密雲ダム周辺の水源林造成に力を入れている。

### 密雲《ミユウン》ダムと水源林造成

密雲ダムは、北京市の中心部から北東に一〇〇キロメートル離れた密雲県の山間部にある最大

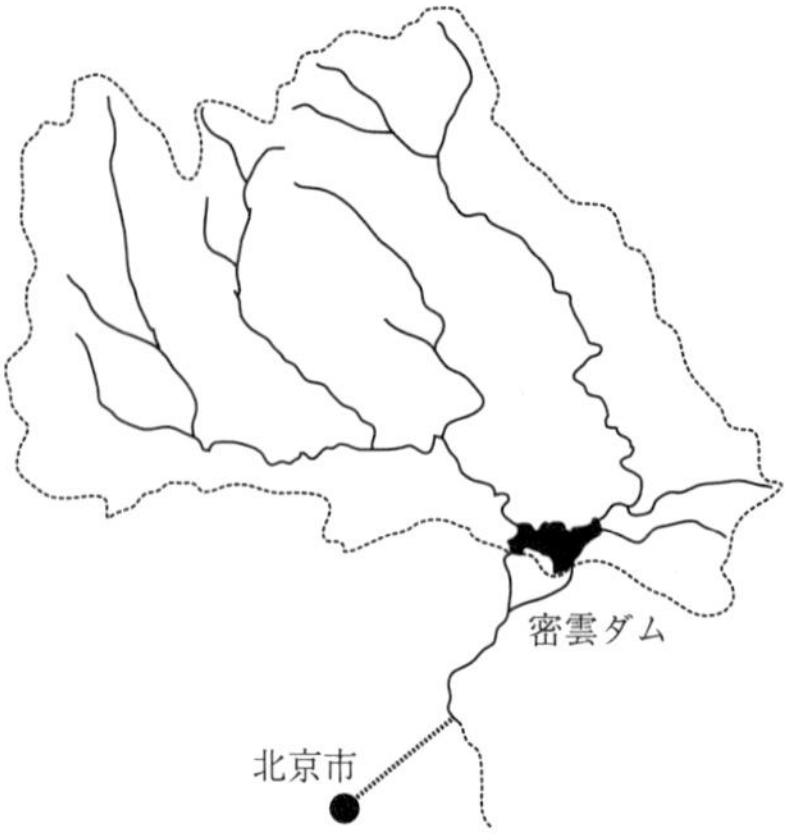


図4-3　北京市水源林と密雲ダム

水面面積一八八平方キロメートル（一万八八〇〇ヘクタール）、最大貯水量四三・八億立方メートルの華北地域最大級のダムである（図4-3）。建設当初の六〇年ごろは、安定的な水供給の確保とはげ山・荒廃地から流域の人々の生活を守る水土保全機能を目的としていたが、現在では北京市の年間生活用水量七・七億立方メートルのおよそ八割（ダムからの地下水脈も含む）を供給しており、市民生活にとって重要な水源となっている。

密雲ダム周辺にはおよそ一四八・七万ヘクタールの広大な山地が広がり、そのうち約四五万ヘクタール（山梨県に匹敵する）がダム湖に水を供給する重要な水源地（集水区）となっている。密雲ダムには年間およそ一二億立方メートルの水が供給されているが、降水量の減少等により流入量は八〇年代以降減少傾向にあり、[9]二年越しの渇水に見舞われた二〇〇〇年夏にはダム湖の水量が通常の半分の一八億立方メートルにまで減少した。九〇年代末から続く密雲ダムの水量減少は極端な雨不足が根本的な原因となっているものの、従来より北京市周辺の降水量は少なく、また雨の多い年と少ない年の格差が大きく、年間降水量の七〇％程度が六～九月の四か月間に集中していること等その不安定さが指摘されてきた。[10]こうしたことから、人為的に行うことのできる水資源対策の一つとして、貴重な雨を受けとめる「集水区」での水源林造成が進められているのである。

集水区における水源林造成の歴史を振り返ると、はげ山・荒廃地緑化対策として「退耕還林」と食料増産のための果樹園造成を皮切りに六〇年ごろから進められた（表4-9）。その後、人口増加等による燃料不足対策として薪炭林造成が増大した。このように六〇年代ごろの集水区では、水源かん養機能の増大を目的とした水源林造成というより、むしろ集水区の荒廃地対策及び地域住民の経済・生活向上に力点を置いた森林造成が行われていた。

水源かん養機能を重視した水源林造成が開始されるのは、八〇年代に入ってからである。当時、改革開放政策により経済発展が本格化し、水需要が増加の一途をたどり、さらなる経済発展のためには水資源の確保が避けられない課題となっていた。そのため、国家及び北京市政府による様々な水源林造成プロジェクトが打ち出された。また、八〇年代には造林に関する技術革新が進んだ。特に、「封山育林」[11]や「飛播造林」[12]等の造林手法は人の手による造林ではまかないきれないほど広大な面積で、地力が弱く、人や家畜等による開発圧力から土壌劣化を守ることが優先される「集水区」においては、防護林造成の有効な方法となった。このほか、傾斜地が多い山間地でも、農民に高い収入をもたらすクリやアンズ等の経済林が八〇年代ごろから増加し始めた。

そうしたことから、九〇年代に入ると水源林（防護林）と経済林（果樹等）の造成が本格化し、集水区の林木被覆率は九〇年の三四・四％（林木被覆面積一五・五万ヘクタール）から九八年には

北京の水源林ではニセアカシアなどの樹木を植え，間に農作物もつくるアグロフォレストリーも一部で行われている

六一・九％（同一七・九万ヘクタール）へと増加した。五〇年ごろには集水区の森林は破壊し尽くされ、見渡す限りはげ山が広がっていたといわれていることを考えると、緑化の成果が窺える。

このように、現在の集水区では植生の量的な増加は一定段階にまで達したと判断できよう。しかし、北京市林業局の調べでは、集水区の林木被覆面積のうち約七割が、このままでは樹木の成長が期待できず植え替えや林種転換を行わなければならない構造的に不安定な林分であるとしている。そのため、高度な水土保全機能をもった水源林を地力が弱く降水量が少ない集水区の自然条件に合わせながら造成していくことが今後の課題となっている。

## 3　水源地・集水区の森林造成と住民

集水区におけるもう一つの重要な課題としては、八〇年ごろより増加している経済林（果樹等）と水資源対策としての水源林をどのようなバランスで造成していくのかということがある。現在、集水区には四つの県と五一の郷・鎮があり、およそ三三万人が暮らしている。傾斜地が多く、降水量が少ないため、クリ、アンズ、クルミ等の経済林を中心に、樹木と樹木の間の土地を利用してマメ類等の農作物を育てるアグロフォレストリー等が行われており、集落の周辺では自家用の野菜等を作って多くの人が生計をたてている。そのため、地域住民にとっては、経済林（果樹等）を中心とした農業を発展させていくことが今後の重要な課題となっている。

一方、行政当局は、経済林（果樹等）では下層植生が刈払われ、新たに造成する際には以前あった樹木の根を掘り起こす等の開発行為があるため、経済林の拡大は集水区の水土保持機能を低下させると指摘している。

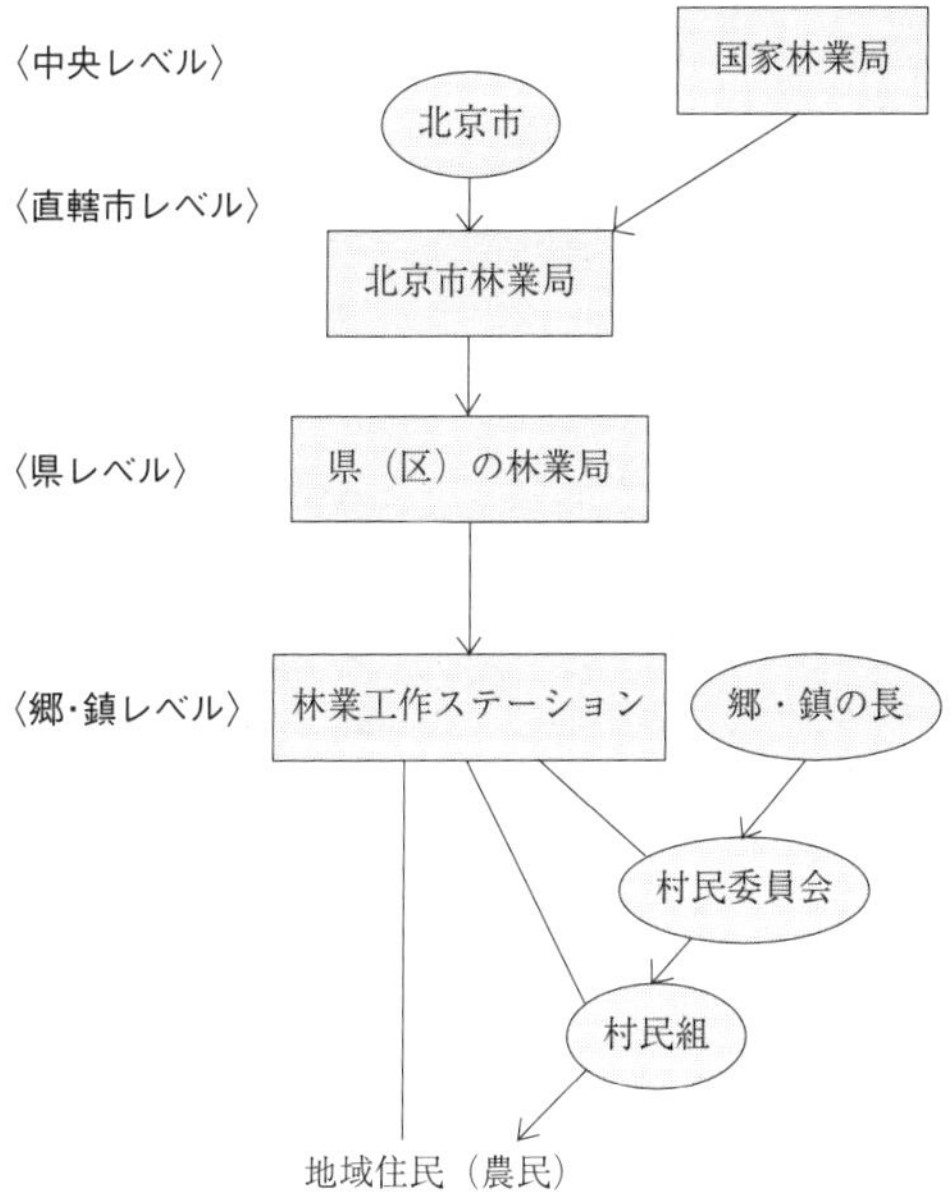


図 4-4　北京市における林業・林業行政システム図

このようなことから、集水区の森林造成をめぐって、保水機能の高い水源林造成を一層進めたい北京市林業局と所得向上に結びつきやすい経済林造成を拡大させたい地域住民の間に意見の隔たりがある。

北京市の森林造成は、通常、北京市林業局が作成する基本方針に合わせて毎年の造林計画を各県や区の林業局が作成し、それをもとに各郷鎮にある「林業工作ステーション」[13]が実際に「どこにどれだけ植える」と

北京市水源林地域内の集落と森林造成がすすむ山地

いう実行計画をたてる。それを「村民委員会」[14]や村民組等の末端組織・住民組織を通して住民に伝達される（図4－4）。このように上部組織から下部組織に計画が伝達されているために、集水区のような住民と行政の意見の隔たりがある場合でも、行政の意向の強い森林造成計画がたてられやすい。ただ、実際の作業は地域住民によって担われているため、地元の意向を無視した計画は成り立ちにくく、また「林業工作ステーション」では住民の意見や異議申立てを聞き入れるシステムが設けられているという。しかし、実際には地域住民は補助金をもらうために計画通りに植栽は行うものの、補助対象外である植栽後の保育管理は行わないといった植林地も少なくない。つまり、上層組織から地方の出先機関へ、そして住民へと計画が伝達され、各行政組織ごとの数値目標の達成を重視してきたこれまでの水源林造成の進め方に弊害が生じているといえる。

こうした中で、九〇年代後半頃から、各組織の担当区ごとではなく流域全体として水源林造成を進める新しい試み

表4-10　密雲ダムの「集水区」における林地機能区分

| | 範囲 | 内容 | 人口 |
|---|---|---|---|
| 1級区 | ダム～環状道路 | 最も開発行為が制限されている地域で原則的には開墾や開発は禁止．但し，先住民には農作業が黙認されている． | 3万人 |
| 2級区 | 環状道路～山の尾根筋 | 里山的な雰囲気の地域で農作業可能土地や交通等生活環境に比較的恵まれている（人口増） | 20 |
| 3級区 | 1級区及び2級区以外（総面積の80%以上） | 山岳地域で生活環境が整っていない封山育林を進めている（人口減） | 10 |

資料）「北京市密雲ダム，懐柔ダム水源保護管理条例」及び北京市林業局資料等から作成

が集水区で始まった。具体的には、一九九五年に「北京市密雲ダム、懐柔ダム水源保護管理条例」が北京市人民大会で決議されたことを契機に、ダムの自然環境を効率的に守るためにダム湖からの距離に応じて三区域をゾーニング（機能区分）し、それぞれの条件に応じた森林造成を進めている（表4−10）。また、九八年からは森林保護の先進国であるドイツの協力により流域管理の視点を取り込んだ水源林造成が試みられている。これは、「中国・ドイツ合同密雲ダム流域防護と経営に関するプロジェクト」と呼ばれ、集水区の〇・五％にあたる約二二五〇ヘクタールを対象に試験的に進められている。同プロジェクトでは、自然環境及び経済条件を科学的に分析し、それに応じて封山育林、保護林、用材生産林、経済林（果樹等）、幼齢保育林の五つにゾーニングを行うだけでなく、下流都市のための水資源確保と地域住民の生活改善など流域全体の水源林管理を進めることを目的に様々な森林造成方法を組み合わせる「総合流域改善林」を設けている。流域全体の自然や経済環境を科学的に分析し、その特性に応じて地域を

ゾーニングし、いくつかの造林方法を組み合わせる同プロジェクトの効果を北京市林業局は注目している。

このように、単に面積的な数値目標のみにとられない水源林造成への試みが始まった。

## むすび

以上のように、六〇年ごろの荒廃地緑化の段階から九〇年代末には植生の一定の回復が図られ、流域管理という視点を取り入れた水源林造成が始まった首都・北京市の事例は、水土保全を目的とした中国の森林造成の先発事例と位置づけられる。また、北京市の事例で明らかとなったように、奥地や山間地の水源地域にも多くの人口を抱える中国では、水源かん養や生態系維持などの純粋な環境対策を図るだけでなく、それとともに地域住民の経済・生活向上をいかに進めていくのかという問題は避けて通れない。そうした中で、「集水区」で近年始まった流域全体の自然及び経済的条件を科学的に分析し、多角的な造成を用いる方法は注目される。

また、地域住民の意向をどのように実際の森林保護・造成に反映させていくのかという問題も今後重要となるだろう。北京市の事例で見られたように、表向きは造林計画の目標が達成されたこととなっているが、実際には植林した後の管理不足問題が生じている。九二年の地球サミット（ブラジル）で議論となったように、森林保護・造成においては地域住民の理解と参画が欠かせないことから、住民が森林保護・造成に主体的に参画できる仕組みを中国各地の実態に合わせてどのように作っていくのかが、九〇年代末より始まった国家レベルの森林政策においても大きな課題になるといえよう。

（1）中国では、これまで全国的な森林資源調査を五回実施しており、本節では「第五回森林資源調査（九四〜九八年）」のデータを使用している。また、中国では、「林分」と呼ばれる狭義の森林（針葉樹林＋広葉樹林）の他に、果樹や薬用樹等の「経済林」と「竹林」を合わせて「有林地」と呼び、森林の基本的な概念となっている。そのため、北京市の森林面積である三三・七万ヘクタールにも、林分（二〇・七万ヘクタール）に、経済林（一三・一万ヘクタール）が含まれていることに注意（北京市は竹林はない）。
（2）于志民「北京森林与水資源」北京市林業局。
（3）当時、大躍進運動とよばれる政治運動の影響で、鍋釜を鉄にかえることが奨励され、その燃焼材を確保するために過伐が行われた。
（4）中国では、用途別に用材林（主に用材生産）、経済林（果樹や茶園等）、防護林（水土保全林等）、薪炭林、特殊林（学術林等）の五種類に区分されている。この中で、日本では農業の範疇である果樹や茶園が森林として扱われていることは興味深い。
（5）林木被覆率とは、森林面積に街路樹や公園等にある樹木を加えた緑地面積が総面積に占める割合。森林率とほぼ同義的に使われる場合もある。
（6）中国・第五回森林資源調査（一九九四〜九八年）及び国土庁『平成一一年度版 日本の水資源』三四五頁等を参考に試算。
（7）メリンダ・リウ「天よ、雨を降らせたまえ」『ＮＥＷＳＷＥＥＫ』二〇〇〇年九月一三日。
（8）朝日新聞 朝刊、二〇〇一年三月八日等に掲載。

(9) 前掲(2)に同じ。

(10) 北京市林業局資料。

(11) 林地への人や家畜の出入りを禁止し、開発圧力を防ぎ、植生の回復を促す緑化方法。

(12) 交通の便が悪く、人手による造林が難しい奥地・山岳地を対象に飛行機で種子の散布を行う緑化方法。

(13) 林業行政の末端組織で地元住民が伐採届けを受けたり、伐採跡地の更新状況の検査を行うなど、地域の森林や住民と日ごろから接している組織。

(14) 農村部における行政の末端組織で、村長等が選挙で選ばれる。

＊第三節の2及び3は、栗栖祐子「中国における森林保護・造成の動向」、『農林金融』二〇〇一年七月(第五四巻第七号)、農林中央金庫、五〇～六二頁によっている。

おわりに――水源の森の再生をめざして

事例でみてきたように、日本と中国ないしは発展途上国とでは、流域の環境保護の段階が異なる。

荒廃地が多くを占める中国では残り少ない天然林を保護するとともに、「退耕還林」と「封山育林」に象徴されるように山の奥深くにまで入り込みすぎた農民と家畜を減らして、森の再生を図ることが基本的な課題となっている。今世紀に入り、本格的な取り組みを始めた生態環境の改善をめざした壮大な国家プロジェクトは途上国の先進事例としてその成果が注目される。

一方、はげ山荒廃地の復旧を成し遂げてきた今日の日本の山は、外見《そとみ》にはみごとに緑に覆われているが、中国や他の途上国とは逆に人びとが山から降りすぎて、耕作放棄地や人工林の放置が増加の一途をたどってきたことに問題点がある。それによって「緑の砂漠」といわれる現代型の林地荒廃が広がり、脆弱《ぜいじゃく》な人工林というモノカルチュアのもつ問題と合わさって流域環境保護のための基本的課題となっている。

われわれは、この課題に対して平面的にも立体的にも「モザイクの森」づくりを提唱している。平面的には、河畔林、渓畔林そして尾根筋の樹木群などは根が深く張る多様な植生からなるものに誘導すべきである。立体的には、十分な間伐を適度な時期に繰り返し実施して下層に多様な樹種の侵入を促すべきである(第一章写真参照)。

モザイクの森という優れた「緑のダム」は、コンクリートのダムづくりに比べて土建業者との関わりが薄く、選挙の票にならないこともあって、国は十分な整備を行ってこなかった。それどころか、政府は競争力の弱い分野を切り捨て山村農林業が成り立たないような産業構造政策を推進してきた。そのために山村の産業は廃り、森を守り育てる人びとは後継者がえられないまま次々にリタイアする形で失われてきた。環境を守る山間の人びとの「生命《いのち》の再生産」をどうするのか、山を守る担い手をどう確保するのかという重い課題の解決に向けて行政は真剣に取り組まなければならない。

流域単位にあっては、上流域の町村や住民と下流の都市民が連携して森林整備にあたる事例も増えてきている。都市民が森林管理を山村の人びとだけに任せるのではなく、自らも参加し上流の村や住民とともに環境改善に向けて連携することは望ましいことである。だが、下流に大都市がある流域ならば下流からの支援によって環境改善もある程度可能であるが、そうでない流域では不可能なことであり、環境改善には自助努力・協力とともに国からの支援は欠かせない。

梼原の事例は、役場と森林組合が一体となって学習し、住民の協力と参加をえながら環境意識の向上と森林整備を進めている。こうした山側の行政と住民の努力もまた重要なことである。

「水の世紀」にとって、森—川—海という循環系のいわば頭の部分に位置する森林の整備の重要性は増大する一方である。政府ならびに国民全体で森を守る担い手を支え、モザイクの森づくりを推進する政策転換が、真の「構造改革」ではないだろうか。コンクリートのダムづくりに比べて安価で、しかも下流の住民を守るだけでなく山村の人びとの生命の再生産にもつながる可能性があるからである。

次元こそ異なるが、中国においても日本においても山・森と人との関わりのあり方、とりわけ流域全体の人びとが安心して暮らせるために住民自らの参加を含んだ社会システムのあり方、血のかよった行政のあり方が問われているのである。

## 編著者・執筆者紹介


依光良三《よりみつりょうぞう》（第1章，第2章1節，第2章2節共著，おわりに）
1942年高知県生まれ．67年京都大学大学院農学研究科修士課程修了．現在，高知大学農学部教授（森林環境学，森林経済学）
主著 『日本の森林・緑資源』（東洋経済新報社，1985年），『グリーン・ツーリズムの可能性』（依光良三・栗栖祐子著，日本経済評論社，1996年），『森と環境の世紀』（日本経済評論社，1999年）

栗栖祐子《くりすゆうこ》（第2章2節共著，第3章4節，第4章3節）
1971年大阪府生まれ．97年高知大学大学院農学研究科修士課程終了．現在，農林中金総合研究所研究員

高橋香織《たかはしかおり》（第3章1～3節）
1976年静岡県生まれ．01年高知大学大学院農学研究科修士課程終了．現在，全国林業改良普及協会編集部

都築伸行《つづきのぶゆき》（第2章3節共著）
1972年愛知県生まれ．95年北海道大学農学部卒業．現在，森林総合研究所四国支所流域保全研究グループ員

入田慎太郎《にゅうたしんたろう》（第2章3節共著）
1971年大分県生まれ．98年高知大学大学院農学研究科修士課程終了．現在，愛媛大学連合大学院農学研究科博士課程

李　天送《りてんそう》（第4章1～2節）
1964年中国福建省生まれ．98年愛媛大学連合大学院農学研究科博士課程修了．現在，中国国家林業局経済発展研究センター室長

流域の環境保護
－森・川・海と人びと－

2001年9月20日　第1刷発行

定価（本体2000円＋税）

編著者　依　光　良　三

発行者　栗　原　哲　也

発行所　株式会社　日本経済評論社

〒101-0051　東京都千代田区神田神保町3-2
電話 03-3230-1661　FAX 03-3265-2993
振替 00130-3-157198

装丁＊渡辺美知子　　印刷・製本／㈲西村謄写堂

落丁本・乱丁本はお取替えいたします　Printed in Japan

ISBN4-8188-1376-1